迷人的科学史

数学简史

少儿彩绘版

郭园园◎著

华东理工大学出版社
EAST CHINA UNIVERSITY OF SCIENCE AND TECHNOLOGY PRESS
·上海·

图书在版编目（CIP）数据

迷人的科学史：数学简史：少儿彩绘版／郭园园
著 . -- 上海：华东理工大学出版社，2025. 1. -- ISBN
978-7-5628-7577-2

Ⅰ . O11-49

中国国家版本馆 CIP 数据核字第 20244RP297 号

策划统筹 ／ 曾文丽
责任编辑 ／ 曾文丽
责任校对 ／ 石　曼
装帧设计 ／ 居慧娜
出版发行 ／ 华东理工大学出版社有限公司
　　　　　　 地址：上海市梅陇路 130 号，200237
　　　　　　 电话：021－64250306
　　　　　　 网址：www. ecustpress. cn
　　　　　　 邮箱：zongbianban@ecustpress. cn
印　　刷 ／ 常熟市双乐彩印包装有限公司
开　　本 ／ 710 mm×1000 mm　1/16
印　　张 ／ 12.25
字　　数 ／ 153 千字
版　　次 ／ 2025 年 1 月第 1 版
印　　次 ／ 2025 年 1 月第 1 次
定　　价 ／ 60.00 元

序　言

数学是我国中小学教育中的重要学科,数学课本中的内容是人类文明在数千年的发展过程中所获得的最需要掌握和最需要传承的知识。由于种种原因,广大师生对这些知识的历史并不十分清楚,大家经常会问:"为什么会产生这样的知识?"《迷人的科学史·数学简史(少儿彩绘版)》这本书主要针对目前我国中小学数学教学中,尤其是义务教育阶段中较为重要的数学知识点,着重论述它们的数学史背景。

(一)

本书的主要读者群是包括中小学生在内的所有对数学感兴趣的朋友们。

在数学教育中,公式、定理等内容属于表层知识,而数学思想和方法则属于深层知识。中小学数学教育的终极目标是教授学生数学思想和方法,数学知识本身是第二位的。即使学生走出校园后把数学知识忘了,数学思想和方法也会深深地刻在头脑中,长久地活跃并服务于今后的工作生活。目前,传统的以应试为主导的数学教学会过度地强调数学技巧的训练,这虽然能够培养学生扎实的数学基础和求解抽象难题的能力,但难免会让学生觉得数学很枯燥,甚至会误解数学的教育目的。另外,随着信息化时代的到来和人工智能、大数据技术的发展,社会需要大量知识面宽广,能够解决实际问题,好奇心强,富于想象力、创造力的新型复合型人才,因此,未来的人才需求与传统工业化时代数学教学的矛盾愈发尖锐。

笔者认为,如果能够将数学史与课堂教学有机结合,是解决上述问题的一种有效手段。有的朋友认为数学史就是讲故事,调剂一下抽象枯燥的数学知识,这样的认识就过于肤浅了。数学史是研究数学知识与数学实践产生、发展、演变的一门学科。数学史与数学教育的融合能够解决上述问题,主要有以下几点原因。第一,数学史的内容源自真实的历史文献和素材,它可以解释数学知识点产生的原因和演化的脉络。真实的历史背景更符合一般人的认知过程,甚至历史上许多数学知识的产生就是为了解决实际问题,了解这些知识产生的过程可以让学生感受到数学不是脱离实际、枯燥无用的数字游戏,而是和我们的生活紧密联系、非常具体且有用的工具,这可以极大地激发学生的学习热情。第二,数学史可以让我们从更宽广的时空视角、更深的层面去理解数学中各个知识点的产生和演化脉络,将零散的解题技巧变为有时空关联性的多学科系统知识网络,而不只是一些技巧和公式的逻辑关联。数学史的内容跨越古今、纵横中外,跨越多学科、多领域。在了解数学史的过程中,学生能让知识在不同领域、不同学科之间迁移,这有利于增强学生的想象力。第三,在数学史上有许多人类连续研究成百上千年的著名复杂问题,学习这些问题的研究历史,能够鼓励学生对新鲜的事物和未知的世界保持长久的、高度的好奇心和热情。同时由于篇幅的原因,笔者对一些知识的描述有限,但这恰好起到抛砖引玉的作用,有兴趣的同学可以依靠所学技能继续搜集、整理、分析资料,以获取自己需要的信息,这有助于培养学生自主学习的习惯,使他们可以更好地认识未知世界,更能适应未来的挑战。一个人在校园的时间总是有限的,当学生走出了学校,保持终身自主学习是一种难能可贵的优秀品质。

(二)

本书的另一个重要读者群是中小学数学教师。早在上个世纪 70 年代,数学史与数学教育之间的关系(History and Pedagogy of Mathematics, HPM)就成为数学史和数学教育的一个重要学术研究领域。2005 年,首届"全国数学史与数学教育学术研讨会"在西北大学召开,HPM 开始进入我国数学史研究者和数学教育工作者的视野。虽然很多一线数学教师认同 HPM 的理念,对 HPM 实践也抱有浓厚的兴趣,但很难找到对口的数学史学习资料。目前,市面上和网络中也有一些数学史与数学教育相融合的案例,这些"数学史"材料大多以流水账式的形式排列,又或是以断章取义、富于想象力的"辉格史"的形式出现,这样的"数学史"材料不能准确回答某个数学知识点"为什么会产生?""它们是如何演化发展的?"等诸如此类的问题,因此这些内容大多不能有效地与数学教学相融合。

事实上,19世纪末,数学史已经成为一门独立的学科,我国数学史工作者开展专业的数学史研究也有超过一百年的历史。中小学数学教学中的绝大多数内容属于17世纪之前的常量数学,这些内容的产生和演化主要涉及古希腊数学、古印度数学、中世纪阿拉伯数学和文艺复兴前后的欧洲数学。长久以来,我国数学史工作者主要将精力集中在对中国古代数学史的研究,而对外国古代数学史的研究起步较晚。20世纪80年代起,我国学者开始通过翻译欧美通史性文献来了解上述内容。但是由于"欧洲中心论"等因素,欧美通史性文献提供的古代数学史信息是零散的,甚至是矛盾的。2000年后,随着我国研究生的大幅扩招,大量研究生开始从事外国数学史的研究。尤其是2010年前后,我国派遣大量研究生到欧美学习,使得国内的数学史研究与国际前沿研究的差距迅速缩小。目前,国内已有多位数学史学者能够从原始文献入手,对上述几个重要文明中的古代数学史进行研究,相关的研究成果于近些年集中发表,这些内容极大丰富了HPM实践中的数学史内容,从而使数学史与数学教育的融合成为可能。笔者本科毕业于师范院校数学系,毕业后进入中学任教,有多年一线教学经历;后来考取数学史方向研究生,至今已有近20年的专业数学史学习和研究经历。笔者较清楚两个群体之间的信息需求状况,这也是编写本书的一个重要原因。由于笔者能力有限,书中的不足之处还请读者朋友批评指正。

郭园园

2024年11月于北京中关村

目
录

第一章
算术

我们每个人在日常生活中都会用到算术知识。它是最古老的数学分支之一，诞生于数的概念及记数法，然后基于这些记数法，又产生了相应的计算方法。

各个文明都在较早时期产生了记数法。例如，古埃及人很早就发明了埃及象形数字，两河流域的苏美尔人发明了楔形数字，古代中国人发明了最早的十进位值制记数法——筹算数字……这些记数法大大促进了数学的发展。有了自然数的概念后，人们又逐渐认识了分数、小数、负数、虚数等概念。

古希腊人研究的"算术"比较特殊，严格说来是数论，例如求两数的最大公因数、关于素数的一些定理等。

现今世界通用的阿拉伯数字起源于印度。9 世纪，印度数字传入阿拉伯世界，阿拉伯人对其计算方法进行了改造和发展。12 世纪，印度-阿拉伯数字传入欧洲，欧洲人最终接受了这种数字，并抛弃了原有的罗马数字。从 16 世纪开始，伴随着全球化的进程，欧洲人将印度-阿拉伯数字及计算方法传遍全世界。

01｜记 数 法：
为什么全世界都在使用阿拉伯数字?

我们日常用的阿拉伯数字可以表示任何想要表达的数字,这在数学上属于记数法的范畴。

记数的产生

人类在蒙昧时期就已经具备了识别事物多少的能力,原始人首先注意到一只羊和许多羊在数量上的差异;一只羊与一头牛也是不同的。人们在最初记数的时候可能是用手指,后来使用结绳或在石头、动物骨头上契刻等方式来记数。

公元前 4000 年前后,人们逐渐意识到一只羊、一头牛、一棵树……它们之间存在某种共通的抽象性质,这就是数。这

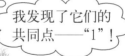

我发现了它们的共同点——"1"!

时,记数的情况发生了改变,数字获得了属于自己的符号。表示"5 只羊"时,人们不再使用 5 个表示羊的符号,而是写一个表示数字"5"的符号,然后再画上一个表示羊的符号;表示"5 头牛"只需要把羊的符号换成牛的符号就可以了,而数字符号保持不变。从此,数字具有了抽象性。

累数制与位值制

随着人类需要记录的数量不断增加,最终出现了相对完善的用于书写的记数法。记数法有三个要素:(1) 记数符号;(2) 累数值与位值制;(3) 进制。

首先来看累数值与位值制。

始建于 3 900 多年前的卡纳克神庙是目前发现的古埃及最大神庙,神庙中有一处石刻的图案如下:

卡纳克神庙某处的象形数字图案

这便是古埃及象形数字——古埃及人发明的刻在石头上的象形文字中的数字符号。象形数字用一道竖线表示 1,10 像一扇拱门"∩",100 像一条绳索"ᕃ",1 000 像一朵花"ᶘ"……那时,古埃及人通常把较小的数位放在前面,所以上面的象形数字表示 6 789。埃及象形数字是十进累数制记数法,所谓累数制,是指每个较高的单位用一个新符号表示,记数时依次重复排列这些符号,用相加的总和来表示数量。显然,累数制有明显的弊端——需要重复画许多数字符号,而且当需要表示更大的数量级时,就需要创造新的符号。

我们今天所使用的阿拉伯数字是十进位值制记数法。位值制,指的是一个数用一组有顺序的数码来表示,每个数码所表示的大小,既取决于它本身的数值,又取决于它所在的位置。例如数字 1 在个位表示 1,在百位则表示 100。与累数制相比,位值制的优势一目了然。

进 制

进制是人为规定进位的记数方式。在人类文明史上出现过多种不同的记数法,其中十进制是比较常见的。十进制以数字 10 为底,当个位数字从 1 开始增加到 9 后便达到个位的上限,当数字进一步增加时需要用新的数位——十位,此时数字从 10 开始,11,12,…,如此继续下去。

殷商的甲骨文已使用十进制记数法,从最小的基数 1 起到 10,及 100,1 000,10 000 都有专门的符号。利用这 13 个符号,可以表示 100 000 以内的任意自然数。

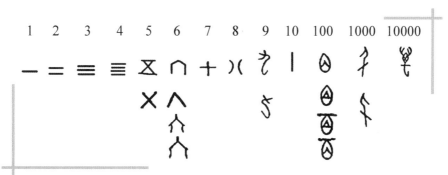

甲骨文基本数字

在我国,十进位值制具体是什么时候出现的已不可考。春秋战国时期,筹算十进位值制记数法已经比较完善,在数学史乃至人类文明史中都占有重要地位。

当然,并不是所有记数法的进制都以 10 为底。公元前 3400 年左右,两河流域的苏美尔人创造了一套六十进制的楔形文记数法。直至今日,六十进制记数法仍用于角度计算、地理坐标和时间表述等方面。另在中国农历中有六十甲子的概念,十个天干——甲、乙、丙、丁、戊、己、庚、辛、壬、癸,十二地支——子、丑、寅、卯、辰、巳、午、未、申、酉、戌、亥,两者经一定的组合方式搭配成六十对,为一个周期。这种六十进制的"干支纪年"

至迟在东汉初年已经普遍使用,至今没有间断过。我们常用"半斤八两"形容"不相上下",这是因为古人曾经使用过十六进制重量计量单位。今天,在计算机中,通常用二进制来存储和处理各种数据。

阿拉伯数字的由来

目前,世界上人们使用的文字至少有上百种,在记数时却使用同一种数字——阿拉伯数字。这可以说是一个奇迹,但这一共识并不是从一开始就达成的。

公元前 3 世纪,印度人开始广泛使用婆罗米数字。5 世纪,婆罗米数字已演变为较完善的十进位值制记数法。这种记数法对人类数字文明的发展意义重大:一方面,这些数字符号表达简洁,易于书写和辨别;另一方面,便于产生高效的运算方法。8 世纪,它们通过印度的外交使节被带到巴格达宫廷;到了 11 世纪,在阿拉伯帝国境内,印度记数法得到了普及,从宫廷天文学家到市场的商贩都使用这种数字来解决各种数学问题。在中世纪,由于记数符号的不同,阿拉伯数字分为东阿拉伯数字和西阿拉伯数字。

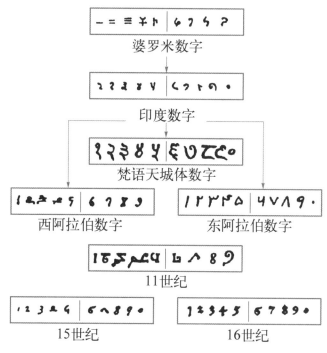

印度-阿拉伯数字符号的演化

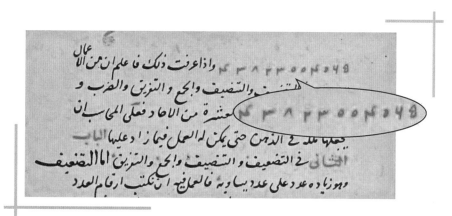

阿尔·卡西(al-Kāshī,约 1380—1429)《算术之钥》(1427)中的东阿拉伯数字

阿拉伯数字传遍世界

　　12 世纪,意大利数学家斐波那契(Leonardo Fibonacci,1175—1250)年轻时曾游历过北非,亲自感受到(西)阿拉伯数字的便利,后来将其传入欧洲。因此欧洲人将这种数字称为"阿拉伯数字"。当然,今天我们知道,严格来说,它应该被称为"印度-阿拉伯数字"。

　　在阿拉伯数字传入之前,欧洲人使用的是罗马数字。罗马数字,大约产生于公元前 4 世纪,直至 14 世纪以前流行于欧洲各国。与阿拉伯数字相比,罗马数字表述烦琐,很难产生高效的运算方法。到了 15 世纪,阿拉伯数字及其运算方法取代了罗马数字及其运算方法,并最终演变成今天的样子。在接下来的 500 年中,伴随着西方资本主义的发展,欧洲列强不断扩张海外市场和殖民地,阿拉伯数字也随之传遍世界各地。

中国传统的筹算数字和汉字数字本质上也是十进位值制记数法，而且，我国很早就产生了便于记录和计算的算码(如苏州码子)，所以早期传入我国的印度数字和东阿拉伯数字并无优势。19 世纪末，由于大量翻译欧美和日本数学著作的需要，使用阿拉伯数字已是大势所趋。1875 年，美籍传教士狄考文(Calvin Wilson Mateer，1836—1908)刊刻的《笔算数学》用阿拉伯数字替代了一、二、三等汉字数字，这是中国第一部使用阿拉伯数字的数学著作。

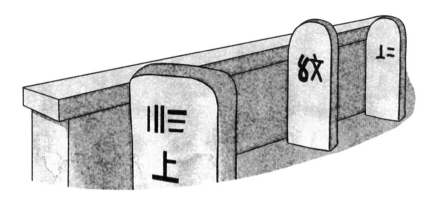

京张铁路青龙桥站保留的刻有苏州码子的里程碑

综上所述，与其说阿拉伯数字是某个民族的发明，不如说它是人类不同文明相互交流和融合的产物。

1. 公元 2000 年为农历庚辰年,则公元 2009 年为农历_____年。

干支纪年表

1 甲子	2 乙丑	3 丙寅	4 丁卯	5 戊辰	6 己巳	7 庚午	8 辛未	9 壬申	10 癸酉
11 甲戌	12 乙亥	13 丙子	14 丁丑	15 戊寅	16 己卯	17 庚辰	18 辛巳	19 壬午	20 癸未
21 甲申	22 乙酉	23 丙戌	24 丁亥	25 戊子	26 己丑	27 庚寅	28 辛卯	29 壬辰	30 癸巳
31 甲午	32 乙未	33 丙申	34 丁酉	35 戊戌	36 己亥	37 庚子	38 辛丑	39 壬寅	40 癸卯
41 甲辰	42 乙巳	43 丙午	44 丁未	45 戊申	46 己酉	47 庚戌	48 辛亥	49 壬子	50 癸丑
51 甲寅	52 乙卯	53 丙辰	54 丁巳	55 戊午	56 己未	57 庚申	58 辛酉	59 壬戌	60 癸亥

2. 罗马数字采用七个字母作为基数:I(1)、X(10)、C(100)、M(1 000)、V(5)、L(50)、D(500),主要记数原则如下:

① 相同数字连写,表示这些数字相加之和,如Ⅲ＝3;

② 较小数字在较大数字右边,表示这些数字相加之和,如Ⅷ＝8;

③ 较小数字在较大数字左边,表示大数减小数之差,如Ⅳ＝4。

以下是部分阿拉伯数字与罗马数字对照表,请根据已知信息,将表格中的空缺补充完整。

1	2	3	4	5	6	7	8	9	10
Ⅰ	Ⅱ	Ⅲ	Ⅳ	Ⅴ	Ⅵ	Ⅶ	Ⅷ	Ⅸ	Ⅹ
11	12	13	14	15	16	17	18	19	20

02 | 计算工具：
在计算器发明以前，人们如何进行复杂的计算？

日常生活中，遇到复杂的计算问题，你可以借助计算器轻松获取答案，那么古人怎么办呢？事实上，早期人类的计算工具包括石子、手指、结绳、小木棍等。随着计算量增大，人们对计算效率的需求也不断提高，因此又出现了多种新的计算工具。

罗马嵌珠算盘

在阿拉伯数字传入之前，欧洲人使用的是罗马数字。罗马数字之间的运算十分烦琐，人们通过罗马算盘可以简化罗马数字间的运算。罗马算盘大约出现在公元元年，考古发现的实物较多。它有手掌大小，一般由青铜制造，有小珠嵌在

让我来算算你的税款！

上下两条沟槽中,可以滑动但不能取下。算盘共有九位,从左边起,第一位到第七位表示整数,在算盘中间标有字母 I、X、C 等,分别代表数位个、十、百等。每位有上、下两条沟槽,上部一颗珠,当五;下部四颗珠,每珠当一。第八位和第九位表示分数,这是为了适配罗马的度量衡以及货币计算。

土盘与算板

土盘是指铺上细沙的平板,这种工具可以用来写字和计算。土盘的历史很悠久,最早可以追溯到古代印度,伴随着古代印度数字一起传入阿拉伯世界并广为流传,后来逐渐被纸笔计算所取代。罗马时代还有一种类似的蜡板,将蜡熔化后倒在平板上,凝固后可以写字记数,可反复使用。

算板是在木板或石板上刻上若干平行的线纹,上面放卵石或木钉(叫作算子)来记数和计算。在斐波那契的《计算之书》(1202)将印度-阿拉伯数字引入欧洲之后的300多年里,阿拉伯数字逐渐定型并流传开来。人们把使用新数字的计算技术称为"算法",把用纸笔和新数字的计算者称为"算法家",以区别于使用古老算板的"算

赖施(Gregor Reisch,1467—1525)
《哲学家的珍宝》(1503)中的插图

盘家"，两种计算技术并行了数百年。这幅 16 世纪初的欧洲版画，反映了这两大派的竞争，左边的是使用印度-阿拉伯数字的算法家，右边是老派的算盘家，中间的女性是公证人。16 世纪以后，算板在欧洲逐渐被淘汰。

算筹与筹算

算筹是用来记数或计算的一种由竹、木或其他材料制作的工具。考古工作者在春秋战国和汉代古墓中发掘了大量算筹实物，例如 1954 年在湖南长沙市左家公山战国墓中出土了 40 根算筹，长短一致，每根长 12 厘米；1986 年在甘肃放马滩战国墓中出土了竹制的圆棒状算筹 21 根，每根长 20 厘米、直径为 0.3 厘米。古人把算筹装在袋中随身佩戴，称为算袋。在汉代，佩戴算袋就已经非常流行。到了唐代，算袋一度被规定为文武百官上朝时的必佩之物，以便随时进行计算和决策。

利用算筹进行计算的做法被称为筹算法，筹算法中用算筹摆放表示的数字被称为筹算数字，关于它的记载最早出现在公元 400 年前后成书的《孙子算经》中，这是一部供数学初学者使用的入门读物。下面是阿拉伯数字 1—9 与中国古代筹算数字对照表：

中国古代筹算数字

纵式	│	║	║║	║║║	║║║║	⊤	⊤	⊤	⊤
横式	─	═	≡	≣	≣	⊥	⊥	⊥	⊥
	1	2	3	4	5	6	7	8	9

　　筹算数字有纵式和横式两种,每种9个符号。在实际运用时,需要交错使用:个位、百位……使用纵式;十位、千位……使用横式;用空位表示0。例如8"║║║"加上9"║║║║"等于17"─⊤"。用这种纵横相间的算筹,加上用空位表示0,可以表示任何自然数、分数、小数、正负数等。筹算虽然具有简单形象等优点,但也存在布筹时占用面积大,运筹速度快时容易摆弄不正而造成错误等缺点,后被计算更加简便的珠算所替代。

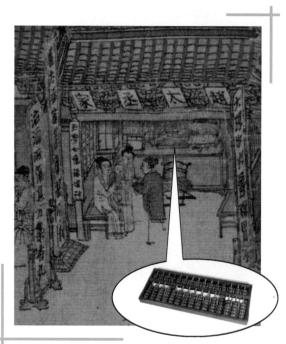

《清明上河图》赵太丞家算盘

中国穿珠算盘

　　算筹曾为中国古代社会的生产、生活做出过巨大的贡献。随着计算量的增大和问题的复杂化,算筹被珠算盘所取代。"珠算"一词最早出现在东汉数学家徐岳(?—220)所著的《数术记遗》(190)中,书中记载了14种算具及算法,其中一种就是"珠算"。唐宋时期,与今天基本一致的珠算口诀大量出现,使珠算能够做到"心到、口到、手到",三者配合,运珠如飞。宋代张择端(约1085—1145)的《清明上河图》中"赵太丞家"的柜台上出现了与现代算盘形制相同的算盘。

　　元明时期,珠算的发展达到鼎盛,上到国家机关,下到酒肆客栈,都要借助算盘来完成计算。程大位(1533—1606)在其所著《算法统宗》(1592)一书中详细记述了珠算规则,完善了珠算口诀,开创了珠算计算的新纪元。18世纪,中国算盘和西方数学有了第一次相遇,相比欧洲的笔算和计算尺,中国人还是钟情于携带方便、计算准确的算盘。这种情况一直持续到20世纪七八十年代。2013年12月4日,联合国教科文组织将中国珠算正式纳入人类非物质文化遗产代表作名录。

纳皮尔筹

　　15—16世纪,随着航海业、交通运输业以及采矿业的崛起,数字计算变得越来越复杂,要求计算得准且快,因此人们需要探索新的计算方法和计算工具。1617年,英国数学家纳皮尔(John Napier,1550—1617)在格子乘法[①]的启发下发明了一种名为"纳皮尔筹"的计算工具,可以进行加减乘除和开方等计算。纳皮尔筹一般有2个或4个面,筹的每面按一定规则写上乘法表,筹的数量根据要计算的数值大小决定。四面筹一套10个,可计算五位数及以下乘法,另有平方筹和立方筹。纳皮尔还设计了存放这些筹的盒子,并规定了筹在盒中的放置方式。17世纪初,纳皮尔筹发明不久便经传教士传入我国,被称为"筹算",与我国古代的筹算恰好同名。

---

① 　见本书"竖式乘法"一节。

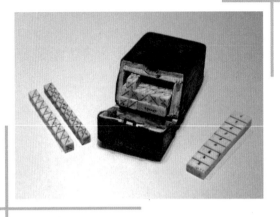

没错,我还发明了对数。

纳皮尔筹

┌ 计算尺

　　纳皮尔不仅发明了算筹,更发明了一种新的运算方法——对数。1614年,他在《奇妙的对数定律说明书》中论述了对数及算法。对数可以将乘除运算转化为加减运算,在大大降低运算难度的同时提高计算速度。

　　1620年,英国数学家冈特(Edmund Gunter,1581—1626)利用对数以加减替代乘除的特点,设计并制作了对数尺。此后,各种形态的计算尺相继诞生。从计算尺被发明到它被袖珍电子计算器取代的三百多年中,计算尺一直是科技工作者,特别是工程技术人员不可缺少的计算工具。

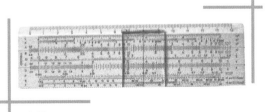

计算尺

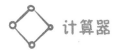 计算器

1642 年,法国数学家帕斯卡(Blaise Pascal,1623—1662)发明了最早能进行加减法的加法器。1671 年,德国数学家莱布尼茨(Gottfried Wilhelm Leibniz,1646—1716)在帕斯卡加法器的基础上进行改造,设计完成了能进行加减乘除四则运算的机械计算器。电技术普遍应用后,计算器由单纯的机械装置逐渐改进为电机装置,计算速度有所提高。1823 年,英国数学家巴贝奇(Charles Babbage,1791—1871)发明了差分机,其重要意义在于能按照设计者的安排自动完成整个运算,这台机器蕴含了程序设计思想,为现代计算机思想的发展奠定了基础。

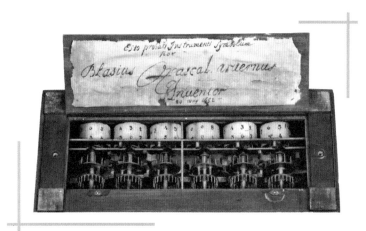

帕斯卡发明的加法器(1642)

20 世纪,随着天文学、物理学的发展,科研人员需要处理更多、更复杂的信息材料,因此需要有大容量、高速度、高精度的计算工具。另外,由于战争原因,军事部门对计算速度提出了更高的要求。虽然机电式计算器的运算速度已经有了很大提高,但是依然不能满足需要。1946 年 6 月,美籍匈牙利数学家冯·诺依曼(John von Neumann,1903—

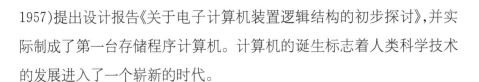

1957)提出设计报告《关于电子计算机装置逻辑结构的初步探讨》,并实际制成了第一台存储程序计算机。计算机的诞生标志着人类科学技术的发展进入了一个崭新的时代。

思考题

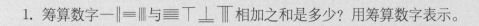

1. 筹算数字一‖≡Ⅲ与≡⊤⊥Ⅲ相加之和是多少? 用筹算数字表示。

2. 中国穿珠算盘表示数字时,一颗上珠靠梁表示 5,一颗下珠靠梁表示 1;下珠满 5 用一颗上珠代替;本档满 10,用左档一颗下珠靠梁代替。根据下列算珠的位置读出相应的四个数字(规定最右侧均为个位)。

    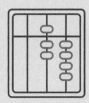   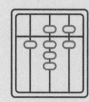

3. 根据下列数字,仿照上题画出相应的算珠(规定最右侧均为个位)。

173	704	585	947

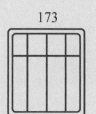   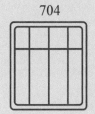   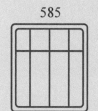   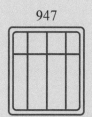

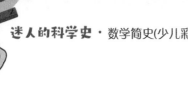

03 | 九九乘法表:

乘法口诀是什么时候诞生的?

  大家对九九乘法表都不陌生,早在春秋时代,它就已被用于筹算运算。起初,算表是从"九九八十一"开始的,因此被称为"九九表"或"九九歌"。到了宋朝,九九表的顺序才变成和今天一样,即从"一一得一"起,到"九九八十一"止。历经多番改进后,到明代又被用于珠算。直到今天,小学数学仍将其作为必须掌握的基本内容。

1×1=1								
1×2=2	2×2=4							
1×3=3	2×3=6	3×3=9						
1×4=4	2×4=8	3×4=12	4×4=16					
1×5=5	2×5=10	3×5=15	4×5=20	5×5=25				
1×6=6	2×6=12	3×6=18	4×6=24	5×6=30	6×6=36			
1×7=7	2×7=14	3×7=21	4×7=28	5×7=35	6×7=42	7×7=49		
1×8=8	2×8=16	3×8=24	4×8=32	5×8=40	6×8=48	7×8=56	8×8=64	
1×9=9	2×9=18	3×9=27	4×9=36	5×9=45	6×9=54	7×9=63	8×9=72	9×9=81

乘法口诀表(共45句)

齐桓公巧用九九表

　　九九表是建立在十进位制值记数法之上的个位数字之间的乘法结果表，它的起源很早。西汉韩婴所著的《韩诗外传》中，记载了一则关于九九表的故事。春秋时期，齐国国君齐桓公曾在大厅中点燃照明火炬，设立招贤馆征求四方人才，等了一年始终没有人来应征。后来东野地方有人用九九口诀来应征，以表示自己有才能。齐桓公调笑他说："'九九'也算一技之长？你就凭它来见我吗？"这个人回答说："'九九'确实不算什么才学，但如果您也能以礼相待，还怕比我高明的人才不来吗？"齐桓公觉得此话有道理，就将其接进招贤馆并隆重招待。一个月后，四面八方的贤士接踵而来。这说明九九表在春秋时已经广泛流传。

里耶秦简九九表

里耶秦简九九表

2002 年,考古人员在湖南省里耶镇里耶古城 1 号井发现了共 37 000 多枚中国秦代的简牍,主要内容是秦洞庭郡迁陵县的档案,学界认为它是继秦始皇兵马俑之后秦代考古的又一重大发现。在里耶秦简中,考古人员发现了我国最早、最完整的九九表。

两枚里耶秦简上抄存了 3 则相当完整的九九乘法表,距今已有 2200 多年。里耶秦简九九表从"九九八十一"起,到"二二而四"止,只有 36 句。与今天相比,缺少"一九而九""一八而八"等 9 句;同时多出了"一一而二"(1＋1＝2)、"二半而一"($\frac{1}{2}+\frac{1}{2}=1$)、"凡千一百一十三字"(81＋72＋63＋…＋4＋2＋1＝1 113)。此后随着算学的不断发展,人们又在九九表中加入了"一九如九""一八如八"至"一一如一"等以"一"作被乘数的 9 句,形成了 45 句式的九九表。传世文献中,最早记载 45 句完整口诀的是公元四五世纪成书的《孙子算经》。

"小九九"与"大九九"

　　中国传统的九九表分为"小九九"和"大九九"。前面介绍的里耶秦简和《孙子算经》中所涉及的是"小九九"。"大九九"即1—9这九个数中,两两相乘所得积的81句口诀,包括小因大因相乘、大因小因相乘和等因相乘。"小九九"只包含小因大因相乘与等因相乘两种,例如"小九九"包含"八九七十二",但是没有"九八七十二",因为乘法满足交换律,只需45句口诀便可包含"大九九"中所有的乘法。2008年,清华大学入藏2 400余枚竹简,经检测确定为战国晚期的文献。这批战国竹简中有一组简形制特殊,宽于其他简,正面画有朱色栏线,共计21支。将21支简编联成册后,形成一个数字方阵形式的算表。这显然是一张扩大版的"大九九"表。

	1	2	3	(4)	(5)	6	7	8	9	10	20	(30)	40	50	60	70	80	90		•
45	90	180	270	(360)	(450)	540	630	720	810	900	1800	2700	3600	4500	5400	6300	7200	8100		90
40	80	160	240	(320)	(400)	480	560	640	720	800	1600	2400	3200	4000	4800	5600	6400	7200		80
35	70	140	210	280	350	420	490	560	630	700	1400	2100	2800	3500	4200	4900	5600	6300		70
30	60	120	180	240	300	360	420	480	540	600	1200	1800	2400	3000	3600	4200	4800	5400		60
25	50	100	150	200	250	300	350	400	450	500	1000	1500	2000	2500	3000	3500	4000	4500		50
20	40	80	120	160	200	240	280	320	360	400	800	1200	1600	2000	2400	2800	3200	3600		40
15	30	60	90	120	150	180	210	240	270	300	600	900	1200	1500	1800	2100	2400	2700		30
10	20	40	60	80	100	120	140	160	180	200	400	600	800	1000	1200	1400	1600	1800		20
5	10	20	30	40	50	60	70	80	90	100	200	300	400	500	600	700	800	900		10
4½	9	18	27	36	45	54	63	72	81	90	180	270	360	450	540	630	720	810		9
4	8	16	24	32	40	48	56	64	72	80	160	240	320	400	480	560	640	720		8
3½	7	14	21	28	35	42	49	56	63	70	140	210	280	350	420	490	560	630		7
3	6	12	18	24	30	36	42	48	54	60	120	180	240	300	360	420	480	540		6
2½	5	10	15	20	25	30	35	40	45	50	100	150	200	250	300	350	400	450		5
2	4	8	12	16	20	24	28	32	36	40	80	120	160	200	240	280	320	360		4
1½	3	6	9	12	15	18	21	24	27	30	60	90	120	150	180	210	240	270		3
1	2	4	6	8	10	12	14	16	18	20	40	60	80	100	120	140	160	180		2
½	1	2	3	4	5	6	7	8	9	10	20	30	40	50	60	70	80	90		1
¼	½	1	1½	2	2½	3	3½	4	4½	5	10	15	20	25	30	35	40	45		½

清华简《算表》的结构

　　清华简九九表表明我国先秦时期数学,尤其是计算技术已经有相当高的水平。为了说明清华简九九表的数据结构,将其中的数字用今天的阿拉伯数字表示。它不仅包含大九九表,还可以用来进行复杂的乘法运算,例如,现要计算 $32\frac{1}{2}\times45\frac{1}{2}$,将这两个数分别分解为"30,2,$\frac{1}{2}$"和"40,5,$\frac{1}{2}$",随后将乘数所在的3行与被乘数所在3列的交叉位置的9个数字相加即可得到乘积。清华简中的九九表具有多种计算功能,在世界范围内属首见,是一项惊人的发现。

外国的九九表

由于汉语"一字一音"的发音特点,我国的九九表读起来朗朗上口、利于记诵,因此发展出了数学基础教育中的"乘法口诀"。然而,九九表并非中国独有。例如,阿拉伯人采用了印度传入的十进位值制记数法,因此也可以找到与我国类似的九九表。从12世纪开始,大量的阿拉伯数学成就开始逐渐传入欧洲,九九表在欧洲数学书中也大量存在。

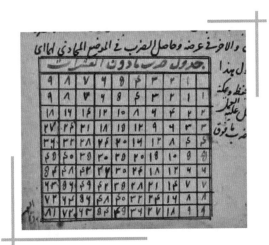

阿尔·卡西《算术之钥》中的九九表

思考题

利用清华简《算表》及书中的算法说明,计算下列乘法。

½	1	2	3	(4)	(5)	6	7	8	9	10	20	(30)	40	50	60	70	80	90		•
45	90	180	270	(360)	(450)	540	630	720	810	900	1800	2700	3600	4500	5400	6300	7200	8100	、	90
40	80	160	240	(320)	(400)	480	560	640	720	800	1600	2400	3200	4000	4800	5600	6400	7200	、	80
35	70	140	210	280	350	420	490	560	630	700	1400	2100	2800	3500	4200	4900	5600	6300	、	70
30	60	120	180	240	300	360	420	480	540	600	1200	1800	2400	3000	3600	4200	4800	5400	、	60
25	50	100	150	200	250	300	350	400	450	500	1000	1500	2000	2500	3000	3500	4000	4500	、	50
20	40	80	120	160	200	240	280	320	360	400	800	1200	1600	2000	2400	2800	3200	3600	、	40
15	30	60	90	120	150	180	210	240	270	300	600	900	1200	1500	1800	2100	2400	2700	、	30
10	20	40	80	100	120	140	160	180	200	400	600	800	1000	1200	1400	1600	1800		、	20
5	10	20	30	40	50	60	70	80	90	100	200	300	400	500	600	700	800	900	、	10
4½	9	18	27	36	45	54	63	72	81	90	180	270	360	450	540	630	720	810	、	9
4	8	16	24	32	40	48	56	64	72	80	160	240	320	400	480	560	640	720	、	8
3½	7	14	21	28	35	42	49	56	63	70	140	210	280	350	420	490	560	630	、	7
3	6	12	18	24	30	36	42	48	54	60	120	180	240	300	360	420	480	540	、	6
2½	5	10	15	20	25	30	35	40	45	50	100	150	200	250	300	350	400	450	、	5
2	4	8	12	16	20	24	28	32	36	40	80	120	160	200	240	280	320	360	、	4
1½	3	6	9	12	15	18	21	24	27	30	60	90	120	150	180	210	240	270	、	3
1	2	4	6	8	10	12	14	16	18	20	40	60	80	100	120	140	160	180	、	2
½	1	2	3	4	5	6	7	8	9	10	20	30	40	50	60	70	80	90	、	1
¼	½	1	1½	2	2½	3	3½	4	4½	5	10	15	20	25	30	35	40	45	、	½

清华简《算表》

1. 15×23

2. $32\frac{1}{2} \times 45\frac{1}{2}$

25

04 | 竖式乘法:

古人的方法更简单?

九九乘法表可以辅助计算个位数之间的乘法,当遇到多位数的乘法时,最常用的方法就是列竖式计算了,下面我们就来了解这种算法的历史。

什么是竖式乘法

把相乘两数一上一下写在一起,相应数位分别对齐,然后用乘数每一位上的数依次去乘被乘数的每一位数。最后将所有竖直方向对应数位上的乘积相加即为所求。例如计算 43×28:

$3 \times 8 = 24$ $4 \times 8 = 32$ 求得: $43 \times 8 = 344$

```
  4 3         4 3                    4 3
× 2 8       × 2 8        对应数位   × 2 8
───────     ───────     数字相加   ───────
  2 4         2 4                  3 4 4
              3 2          ➡
```

$3 \times 2 = 6$ $4 \times 2 = 8$ 求得: $43 \times 2 = 86$ 求得: $43 \times 28 = 1204$

```
  4 3         4 3                  4 3                  4 3
× 2 8       × 2 8      对应数位   × 2 8     对应数位   × 2 8
───────     ───────   数字相加   ───────   数字相加   ─────────
3 4 4       3 4 4               3 4 4               1 2 0 4
  6           6         ➡       8 6        ➡
              8
```

竖式计算 43×28

格子乘法

事实上,竖式乘法源于更古老的格子乘法。格子乘法,顾名思义就是用画格子的方法来计算乘法,还是以 43×28 为例。按照相乘两数的数位绘制一个矩形表格,本题需要画一个 2 行 2 列的表格,并画出每一格的对角线。将相乘两数 43 和 28 分别按照从左到右和从上到下的顺序写在矩形表格上方和右方的表格外侧,且每个数字与相应的格子对齐。

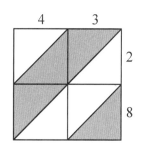

接下来,将乘数中的每一位数字分别乘被乘数中的每位数字,把乘积写在对应行与列交叉的方格中。如果乘积仅为个位数字,则写在对应方格里右下角的三角形中,左上角的三角形中补数字 0;如果乘积有十位数字,则将十位数字写在对应方格里左上角的三角形中。

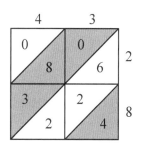

现在按照从右到左的顺序把每一斜行的数字分别相加,将结果写在表格下方的结果行,注意进位。本题 $43 \times 28 = 1\,204$。

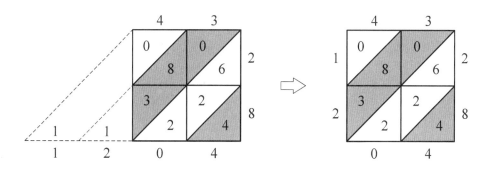

阿拉伯人的智慧

当某种记数法出现后,随着问题的复杂化和运算数字的增大,就逐渐演化出与相关记数法和计算工具相匹配的运算方法。前面说过,印度人最初使用的计算工具是土盘,计算时需要在木板上铺上土或者细沙,然后用木棍或手指操作完成。印度数字和土盘这种工具于9世纪传入阿拉伯世界并开始广泛流传,随后阿拉伯数学家对相关运算方法进行了改进。上述格子乘法最早出现在阿拉伯数学家乌格里迪西(Abu'l Hasan Ahmad ibn Ibrāhīm Al-Uqlidisī,约920—约980)的著作《印度算术书》(952或953)中。为了适应十进位值制数字和土盘这种运算工具,乌格利迪西在乘法运算中首次引入方格,但是起初没有添加斜线。后来的阿拉伯数学家逐渐引入方格中的斜线,使格子乘法逐渐成熟,到了15世纪初,该算法已经家喻户晓。

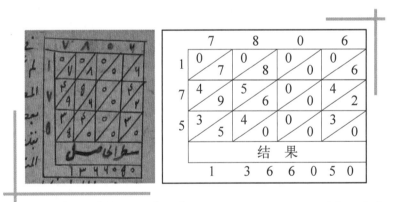

阿尔·卡西《算术之钥》中计算 7 806×175＝1 366 050 的格子乘法

随着造纸技术的成熟和普及,阿拉伯人开始利用纸笔计算来代替土盘这种计算工具。例如,15世纪初阿拉伯数学家阿尔·卡西所编写的初等数学教科书《算术之钥》,在介绍了多种形式的格子乘法之后,还介绍了与今天相同的竖式乘法。

$$
\begin{array}{r}
2\ 7\ 8\ 3 \\
4\ 5\ 6 \\
\hline
1\ 6\ 6\ 9\ 8 \\
1\ 3\ 9\ 1\ 5 \\
1\ 1\ 1\ 3\ 2 \\
\hline
1\ 2\ 6\ 9\ 0\ 4\ 8
\end{array}
$$

《算术之钥》中计算 2 783×456＝1 269 048 的竖式乘法

∂ 格子乘法传入欧洲

　　意大利数学家斐波那契所著《计算之书》中就介绍了乌格里迪西书中利用没有斜线的方格计算乘法的方法,这是阿拉伯格子乘法首次传入欧洲。1478 年,在威尼斯共和国印刷出版的数学著作《特雷维索算术》是已知欧洲最早的数学印刷品。其中详细介绍了带有斜线的多种阿拉伯格子乘法。因为这一表格形似威尼斯贵族女性窗户上按照拜占庭习俗安装的格栅,在意大利也被称为"格栅算法"。

　　除了上述格子乘法之外,《特雷维索算术》还给出了与今天相同的没有方格的竖式乘法,这可看作是格子算法向现代笔算竖式乘法的过渡。事实上,阿拉伯数学在 13—15 世纪持续不断地影响着欧洲。前面提过的"纳皮尔筹"便是 1617 年英国数学家纳皮尔在格子乘法的基础上发明的计算工具。

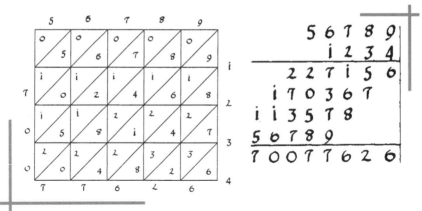

《特雷维索算术》中用格栅乘法和竖式乘法计算 1 234×56 789＝70 077 626

写算和铺地锦

13 世纪的中国与阿拉伯世界存在贸易、文化等多方面交往,阿拉伯的格子乘法也随之进入中国。文献记载,元代回回司天台的天文学家扎马鲁丁(13 世纪)等人都会使用阿拉伯世界传入的印度"土盘算法",这自然包括格子乘法。明代数学家吴敬(约 15 世纪)在《九章算法比类大全》(1450)首卷中介绍了一种"写算"法,即格子乘法。明代数学家程大位在《算法统宗》中将格子乘法称为"铺地锦"。

从格子乘法的传播路径可以看出,13—17 世纪的亚欧大陆各主要文明在数学文化领域存在着长期和频繁的交流。清初数学家梅文鼎(1633—1721)便发现纳皮尔筹的构造原理与"铺地锦"有关。但总的来

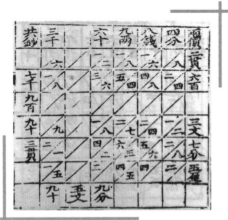

吴敬在《九章算法比类大全》中利用
"写算"计算
306 984×260 375＝79 930 959 000

说,中世纪阿拉伯数学在我国元代和明代的影响不如它对欧洲数学所产生的影响。

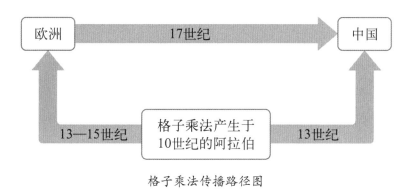

格子乘法传播路径图

1. 用格子乘法计算 69×35。

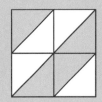

2. 已知 $6×0.7=4.2$，$6.6×6.7=44.22$，根据规律直接写出下面算式的结果，再用计算器进行检验。

$6.66×66.7=$

$6.666×666.7=$

05 | 弃 九 法：
流传千年的校验思想

早在一千多年前,数学家们便基于印度-阿拉伯记数法发明了相应的加、减、乘、除、比例、开方等计算方法,与此同时还给出了相应的检验方法——弃九法。

什么是弃九

公元 952 年左右,阿拉伯数学家乌格里迪西完成了《印度算术书》一书,这是现存最早的阿拉伯文算术文献,其中论述了阿拉伯数字的加倍、减半、加法、减法、乘法、除法、开方和弃九法等内容,其中弃九法的主要作用是对各种数字之间的算术运算进行检验。

在了解弃九法之前,我们首先要了解弃九数。

将任一整数的每一位数字相加,如此重复,直到结果成为个位数(如果相加结果是 9,则将其舍去使得最终结果为 0),这就是原数的弃九数。例如数字 3 217,3+2+1+7=13,继续运算 1+3=4,此时数字 4 就是原数 3 217 的弃九数。这一系列操作的目的是求出每一个数除以 9 后的余数。

弃九法可以检验算术运算的结果,验算方法为:用式中所有数字的弃九数在运算中代替各自原数的位置,检验该算式是否依旧成立。若成立,则说明计算可能是对的;若不成立,则结果一定是错的。下面以《印度算术书》中的加法检验为例。

检验 86 767＋7 485＝94 252 是否正确:

① 计算 86 767 的弃九数是 7;

② 计算 7 485 的弃九数是 6;

③ 7＋6＝13,13 的弃九数是 4;

④ 计算原运算结果 94 252 的弃九数,也是 4;

二者相等说明原运算可能正确。

随后乌格里迪西还讲述了用弃九法检验其他运算正确性的算法过程。

弃九法的检验过程十分简便,但这种方法是否真的有效呢? 乌格里迪西在《印度算术书》中对其进行了证明,同时也指出了它的不足。弃九法的验算方法并不"完美",它只能用来判定计算结果是错误的,不能肯定结果是正确的。例如137＋975＝1 112,用弃九法检验得到2＋3＝5可以判断加法运算可能是正确的;但如果你计算得到 137＋975＝1 121,此时运算结果是错误的,但是弃九法无法检验出错误。事实上,只要按照加、减、乘、除的四则运算法则进行运算,可能出现的错误往往跟进位、借位等有关,这些错误比较容易通过弃九法检验出来。如果不是为了刻意举出反例,在实际计算中,将 137＋975 错算为 1 121 的可能性非常小!

弃九法只能用来判断计算结果是错误的,不能肯定结果是正确的。

弃九法的传播发展

在《印度算术书》之后的阿拉伯算术书中也大都记载了弃九法,该算法在传播演化过程中不仅可以用来检验整数运算,还可以检验分数、

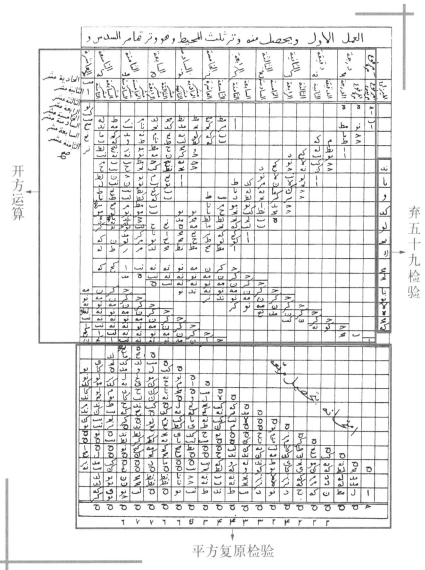

15世纪初,阿尔·卡西在计算圆周率的过程中利用弃五十九法检验

六十进制数的运算,此外还衍生出弃七法、弃十一法、弃十三法、弃十七法等检验算法。上述阿拉伯算法在 13 世纪初由意大利数学家斐波那契传入欧洲并广为流传。

在西学东渐的背景下,该算法被传教士传入中国。16 世纪末,天主教耶稣会传教士利玛窦(Matteo Ricci,1552—1610)来到中国,李之藻(1565—1630)跟他学习西方数学。二人起初准备合译利玛窦的老师——德国天文学家、数学家克拉维乌斯(Christopher Clavius,1538—1612)所著《实用算术概要》(1583),但利玛窦不幸病逝,翻译未能完成。后来,李之藻将未完成的译本单独改编,于 1613 年以《同文算指》之名出版,这在中国数学发展史上被认为是西方数学传入中国的开始。其中《同文算指》中介绍的弃九法、弃七法,就源自克拉维乌斯所著的《实用算术概要》。该算法在清代的中文算书中比较常见。

总之,弃九法虽不完美,但它在人类上千年的文明发展过程中始终是一种简单便捷且行之有效的检验方法。

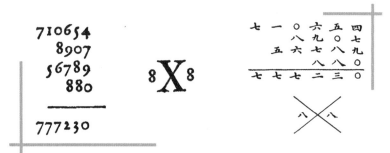

《同文算指》(右)转引《实用算术概要》(左)对加法使用弃九法检验图示

身份证号里的校验码

弃九法属于今天初等数论中的同余理论,其中 9 是同余运算中的模数。今天,模数为 10、11 等的同余运算常被用于编码学中的校验码检验。

一般来说,一个含有校验码的编号,主体为源号码,源号码通过一系列的运算会得到一个校验码,将这个校验码接在源号码的末尾便组成一个含有校验码的新号码。如果源号码中某一位数字发生变化,按照相应的算法,末尾的校验码也会马上发生变化。校验码的这种自我纠错功能,可以说是利用一种简便的方法对源号码的正确性进行检验以避免出现更大的错误。我们日常在电脑或手机中输入身份证号码时,可能会出现某一位输入错误,或两位数字颠倒等情况,校验码都能起到非常有效的检验作用。

输入的身份证号码不正确。

　　我国公民身份证号码前 17 位均有具体含义,第 18 位校验码的计算分三步:

　　① 将前 17 位数字分别乘下列加权因子——7,9,10,5,8,4,2,1,6,3,7,9,10,5,8,4,2,然后将 17 个乘积相加;

　　② 将上面的结果除以 11,求出余数;

　　③ 余数的 11 种可能为——0,1,2,3,4,5,6,7,8,9,10,对应的校验码分别是 1,0,X,9,8,7,6,5,4,3,2(其中 X 为罗马数字 10)。

∂ 书号里的校验码

校验码在我们的生活中无处不在,除了日常生活中使用的身份证号码,图书的国际标准书号(International Standard Book Number, ISBN)也是校验码的典型应用。它的算法比身份证校验码更加简单直观。

2007 年之前出版的图书,ISBN 码大多是一个十位数,它的前几位数字表示该书的国别、出版社和书名,最后一位为校验码,通常采用 $a-bcd-efghi-j$ 的形式,其中校验码 j 需要满足运算关系:令 $s=10a+9b+8c+7d+6e+5f+4g+3h+2i$。$r$ 是 s 除以 11 所得的余数,若 r 不等于 0 或 1,则规定 $j=11-r$(若 $r=0$,则规定 $j=0$;若 $r=1$,则规定 j 用 X 表示)。[1]

若某书 ISBN 码的前九位源号码为 730904547,现在按照上面的算法计算它的校验码。

① 首先将源号码 730904547 加权相乘求和:

$7\times10+3\times9+0\times8+9\times7+0\times6+4\times5+5\times4+4\times3+7\times2=226$

② 因为 $226\div11=20\cdots\cdots6$,即 $r=6$。$j=11-r=11-6=5$,所以校验码为 5,进而得到该书的 ISBN 码为 7309045475。

若某人在电脑系统中输入该 ISBN 码时粗心将第一位 7 输成了 8,则上述加权相乘求和得到 236,此时得到的校验码 6 与原校验码 5 不

---

① 2007 年,出版界启用了 13 位 ISBN 编码系统,采用了类似的模为 10 的校验码运算。

同。即,若输入 ISBN 码为 8309045475,系统就会立刻发现输入错误,这样就起到校验的作用了。

　　总之,我们日常生活中常用的条形码、信用卡卡号等都采用了校验码校验,而其中蕴含的用同余算法进行校验的数学思想已经有上千年的历史了。

1. 用弃九法检验乘法运算：$18\,467 \times 2\,678 = 49\,454\,626$。

2. 用弃九法检验除法运算：$14\,443\,572 \div 247 = 58\,476$。

06｜素　数：
自然数中孤独又特殊的存在

数论主要研究整数的性质,是数学中最古老、最纯粹的一门学科。自古希腊时代,人们就对数论中的部分问题产生了浓厚的兴趣。从整数这种简单的对象出发,可以提出极难证明的问题,例如孪生素数、哥德巴赫猜想等问题都是国际上未解决的著名数论问题,正是这些问题使得数学青春常在。德国数学家高斯(Carl Friedrich Gauss,1777—1855)在《算术研究》(1801)中对数论做了统一的整理,这标志着数论开始成为一门独立的数学分支,他曾说过:"数学是科学的皇后,数论是数学的皇冠。"

素数的定义

大多数的自然数可以被分解成其他更小因数的乘积,例如 4 可以被分解为 2 乘 2。然而,有一些数只能被 1 或其自身整除,例如 13 只能被 1 和 13 整除,像这样的自然数被称为素数,也称质数。在 2 300 年前成书的《几何原本》中就给出了素数定义(命题Ⅶ.11):素数是只能为一个单位所量尽者。现代数论中的素数定义是:除 1 和它本身以外,再无正整数因数的数称为素数,否则叫合数。数字 1 既不是素数也不是合数,第一个素数是 2,当然 2 也是唯一同时是偶数和素数的数字。素数在整数中起着一种核心作用,因为任何大于 1 的整数,要么本身是素数,要么可以写成唯一的素数的乘积形式。

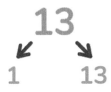

13只有1和它自身两个因数，所以13是素数。

4有1,2和它自身三个因数，所以4是合数。

 1 为什么不是素数？

关于1是否为第一个素数这个问题，数学家们在两千年间没有达成共识，直到高斯在《算术研究》中首次提出算术基本定理，这一问题才有了定论。算术基本定理说的是，任何一个大于1的自然数可以分解成一些素数的乘积；并且在不计次序的情况下，这种分解方式是唯一的。例如6＝2×3，因数中的2和3都叫作6的质因数。根据算术基本定理，任何一个自然数分解质因数的结果是唯一的，如果把1定义为素数，此时6＝1×2×3＝1×1×2×3＝…，这样就不满足分解形式的唯一性了，因此1不是素数。

数学家们热爱素数，虽然它们看起来非常容易理解，但实际上又非常神秘，较小的几个素数是2,3,5,7,…，但寻找较大的素数并不是一件容易的事情。自古希腊时代起，寻找素数一直是人们所关注的问题。

埃拉托色尼筛法

古希腊数学家埃拉托色尼(Eratosthenes,约前276—前194)给出过一种素数筛选法——埃拉托色尼筛法:如果要找到不超过某个正整数 N 的素数,先列出不超过 $\sqrt{N}$ 的全体素数:2,3,5,…,$p(p \leqslant \sqrt{N})$。首先留下2,而在1至 N 的正整数中把2的倍数全部划去;再留下3,而把3的倍数全部划去。如此继续下去,直到最后留下 p,而把 p 的倍数全部划去,这时留下来的就是全部符合要求的素数。

下面用此方法筛出100以内所有的素数,画出 10×10 表格,填上1—100,首先划去1;保留素数2,将其所有倍数4,6,…划去;接着保留素数3,将3所有倍数划去,另外在划去数字的过程中需要注意3的倍数中有些也是2的倍数,例如6,12等在前面已经划去,便不用管;紧接3后未被划去的是5,保留5并将其倍数划去;紧接5后未被划去的是7,保留7并将其倍数划去。如图所示:

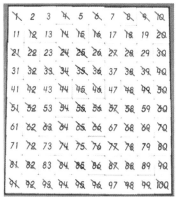

埃拉托色尼筛法筛选100以内素数图示

经过4次筛选,剩余的25个数字就是100以内所有素数。由于合数除了1和它本身还有别的因数,即这些因数是成对出现的,所以只要判断"前一半"即可，$10 \times 10 = 100$，10 以内的素数只有 2，3，5，7，所以只要划掉 2，3，5，7 的倍数即可(2，3，5，7 除外)。该结论可推广，例如要筛出 10 000 以内的所有素数，$100 \times 100 = 10\,000$，100 中有 25 个素数，故需要进行 25 次筛选。这种方法就好像用筛子从整数中把素数逐步筛出来一样，因此称为**筛选法**。例如要确定 191 是不是素数，先求出 $\sqrt{191} \approx 13.7$，用不大于 13.7 的素数：2，3，5，7，11，13 分别去除 191，结果都不能整除，因此 191 是素数。

无穷无尽的素数

随着整数增大，你会发现素数越来越少。1—100 中，有 25 个素数；而 10 000 001—10 000 100 这 100 个数中，只有 2 个素数。素数越来越稀少，它们会不会有尽头呢？欧几里得(Euclid，约前 330—前 275)在《几何原本》(约前 300)命题 IX.20 中证明了"素数的无穷性"，即素数可以一直增大下去。该证明简洁优美，又极为深刻，两千年的岁月并没有使它产生丝毫陈旧感。

《几何原本》命题 IX.20：预先给定任意多个素数，则有比它们更多的素数。简言之，任何有限的素数集合都不可能包括全部素数。

欧几里得首先假设素数个数有限，不妨设它们为 A，B，C，…，D。他的目的是要找到一个不同于所有这些素数的新素数。为此，第一步，他先设数字 $N = (A \times B \times C \times \cdots \times D) + 1$。显然 N 大于原有素数中的任何一个，此时要么 N 是素数，要么 N 是合数，讨论：

情形 1：设 N 为素数，此时 N 大于 A，B，C，…，D，所以 N 是新

素数。

情形 2：如果 N 是合数。（根据命题Ⅶ.31）合数 N 必定含有一个素数因子 G。首先假设 $G=A$，则 G 能够整除 $A \times B \times C \times \cdots \times D$ 的乘积，同时 G 能够整除 N，则 G 一定能够整除二者的差：$N-(A \times B \times C \times \cdots \times D)=1$，但 G 不能整除 1，推出矛盾，故 $G \neq A$。同理 $G \neq B$，$G \neq C$，$\cdots$，$G \neq D$。这样 G 是新素数。

综上所述，不论 N 是否为素数，都可以找到新的素数，因此素数的个数是无穷多的，素数也就可以无穷大。

素数乌拉姆螺旋分布图，其中黑点代表素数，白点代表非素数，
可以看出素数的分布形成了螺旋线

1. 在括号里填上适当的素数。

     24＝(   )＋(   )＝(   )＋(   )＝(   )＋(   )

2. 填空。

     既不是素数,又不是偶数的最小自然数是(   );

     既是素数,又是偶数的数是(   );

     既是奇数又是素数的最小自然数是(   );

     既是偶数,又是合数的最小自然数是(   );

     既不是素数,又不是合数的自然数是(   );

     既是奇数,又是合数的最小自然数是(   )。

07│完 全 数:
寻找数学家眼中的完美数字

数字 6 中包含小于自身的因数有 1,2,3,相加有 $1+2+3=6$,这样又重新得到数字 6,是不是很神奇？类似的还有数字 28,其中包含小于自身的因数有 1,2,4,7,14,相加有 $1+2+4+7+14=28$,这样又重新得到数字 28。像 6 和 28 这样的数字被称为完全数。

问题缘起

某一个正整数除去自身以外的因数称为这个整数的真因数,当这些真因数的和恰好等于原来的整数时,称这个正整数为完全数。某正整数的所有真因数之和大于自身就是过剩数(或称盈数),小于自身就是不足数(或称亏数)。古希腊人早就发现了在正整数中过剩数和不足数随处可见,但完全数异常稀少,他们认为完全数就像世间最美的事物,会带来幸福和美好。

要了解完全数的起源,9 世纪阿拉伯数学家塔比·伊本·库拉(Thābit ibn Qurra,826—901)给出了下面的阐述:

"毕达哥拉斯及其学派的古代哲学家们将正整数视为他们学派教义的一部分,他们对数字如此偏爱,以至于他们用数字去解释所有的哲学原理。在所有这些数字中,主要是两类:完全数与亲和数……欧几里得在他的《几何原本》中描述过寻找完全数的方法,且详细解释了其中的缘由。他将这个定理放在数论部分的最后作为最高成就,所以许多人认为这条定理是欧几里得本人,也是《几何原本》的最高成就之一。"

幸福 美好

千年的探索

欧几里得在《几何原本》中给出了完全数的定义(命题Ⅶ.22),相当于:完全数是等于其所有真因数之和的数。随后在命题Ⅸ.36中给出了寻找完全数的方法:

如果从1开始,连续加上2的幂,若所有这些数字之和($1+2+4+\cdots+2^n$)是素数,则数字$N=2^n\cdot(1+2+4+\cdots+2^n)$,即"最后"一

个加数 2^n 与这些数的和 $(1+2+4+\cdots+2^n)$ 的乘积一定是一个完全数。此处不再阐述这一命题的证明,只看一个具体数例:$1+2+4=7$ 为素数,则 $N=4\times(1+2+4)=4\times7=28$,故 28 是完全数。

欧几里得的上述定理可抽象成如下结论:若 (2^p-1) 是素数,则 $2^{p-1}(2^p-1)$ 是完全数。古希腊人在公元 1 世纪以前就知道当 $p=2,3,5,7$ 时,(2^p-1) 是素数,恰好得到前 4 个完全数——6,28,496,8 128。

素数　　　完全数

$1+2 \Longrightarrow (2^2-1)\times2 = 6$

$1+2+2^2 \Longrightarrow (2^3-1)\times2^2 = 28$

$1+2+2^2+2^3+2^4 \Longrightarrow (2^5-1)\times2^4 = 496$

欧几里得给出前三个完全数的构造原理

而 $p=13$ 时恰好对应第五个完全数,从第四个完全数 8 128 到第五个完全数 33 550 336(1461 年发现)的发现间隔了一千多年,困难之处在于寻找 (2^p-1) 形式的素数异常艰辛。两千年来,众多学者被吸引到完全数的研究中来,这些学者夜以继日的研究不仅表现出对数学的热爱,更体现了对真理的追求!

梅森素数

17世纪初,一位名叫梅森(Marin Mersenne,1588—1648)的法国神父对形如 (2^p-1) 的素数产生了兴趣,他在所著《物理—数学探索》(1644)一书的序言中说:在不超过257的55个素数中,有11个 p 值使 (2^p-1) 为素数,这些 p 值分别是 $2,3,5,7,13,17,19,31,67,127$ 和 257,而 $p<257$ 的其他素数对应的 (2^p-1) 都是合数。当时,人们对梅森的猜测半信半疑,因为有些 p 值对应的 (2^p-1) 数值太大了,很难确定它们是不是素数。不过梅森在这方面的工作还是赢得了人们的景仰,1897年首届国际数学家大会把形如 (2^p-1) 的素数命名为"梅森素数",记作 M_p。上文说过,若 (2^p-1) 是素数,则 $2^{p-1}(2^p-1)$ 是完全数。因此,找到了梅森素数,就找了其对应的完全数。

无声的报告

梅森是如何得到上述结论的呢?无人知晓。他本人验证了前7个梅森素数都是素数。1772年,瑞士数学大师欧拉(Leonhard Euler,1707—1783)在双目失明的情况下,靠心算证明了 M_{31} 是素数。1877年,法国数学家鲁卡斯(François Édouard Anatole Lucas,1842—1891)证明了 M_{127} 是素数。一直到梅森去世250多年以后的1903年,在纽约召开的一次数学会议上,美国哥伦比亚大学的数学家科尔(Frank Nelson Cole,1861—1926)做了一次十分精彩的"报告",他走上讲坛,一言不发,只见他迅速写下:

$$2^{67}-1=147\,573\,952\,589\,676\,412\,927=193\,707\,721\times761\,838\,257\,287$$

他只字未吐又回到了座位上,顿时全场响起了经久不息的掌声。科尔"无声的报告"表明梅森的判断有误,M_{67} 并不是一个素数! 1922 年,人们借助计算机发现梅森结论中的其他错误:M_{257} 也不是素数,但是 M_{61},M_{89},M_{107} 是素数。至此梅森猜想已全部解决,但人类并没有停止寻找新梅森素数的脚步。

 突飞猛进的 GIMPS 项目

(2^p-1) 虽形式简单,但若想探究它,需要高深的理论和艰巨的计算。至 20 世纪 20 年代,人们通过手算,艰辛地找到 12 个梅森素数。之后,计算机的出现加快了探寻的步伐。1952 年,人们将以往的算法编译成计算机程序,在几小时内就找出了 5 个新梅森素数。互联网时代产生的分布式计算技术可有效利用互联网的空闲算力,这使探寻工作如虎添翼。1996 年,美国数学家沃特曼(George Woltman,1957—)编写了一个寻找梅森素数的程序放在网上供大家免费使用,这便是分布式计算因特网梅森素数大搜索项目(Great Internet Mersenne Prime Search, GIMPS)。2024 年 10 月,一位名叫卢克·杜兰特的美国人参与该项目并成功发现目前最大的,也是第 52 个梅森素数 $2^{136\,279\,841}-1$,它含有 41 024 320 个数位,比 2018 年发现的已知最大素数多了 1 600 万个数位。1952 年至今,计算机共找到 40 个梅森素数,最新的 18 个全归功于 GIMPS。

发现新素数,
你也可以!

GIMPS 项目在当代有着十分丰富的意义。首先,该项目的目标是寻找梅森素数,它与偶完全数之间有着一一对应的关系。发现一个梅森素数,就同时发现了一个偶完全数,也达到了发现已知最大素数的目的,这极大推动了数论领域的研究。其次,该项目促进了计算技术、程序设计技术和计算机检验技术的发展。另外,梅森素数在密码学领域同样有着潜在应用。

1. 若某正整数的所有真因数之和等于自身,则此数为完全数。利用此定义,请你说明 496 为完全数。

2. 如果两个数 a 和 b, a 的所有真因数之和等于 b, b 的所有真因数之和等于 a, 则称它们是一对亲和数。利用定义,说明 220 与 284 是一对亲和数。

第二章
几何

几何学是研究现实世界空间形式及其数量间关系的一门数学分支。几何学的历史非常悠久，古埃及、古巴比伦、古代中国、古印度和古希腊都很早就出现了几何学。

今天初等数学教科书中的几何学内容大多出自古希腊数学。公元前320年，古希腊数学家欧德莫斯（Eudemus of Rhodes，约前4世纪下半叶）指出几何学由古埃及人开创，产生于土地测量。古希腊数学家泰勒斯（Thalēs，约前624—约前547）、毕达哥拉斯（Pythagoras，约前570—约前500）等人都为几何学的发展做出了贡献。欧几里得是古希腊几何的集大成者，他编写的《几何原本》将此前的数学知识整理成严密的逻辑体系，使几何学成为一门独立的数学分支。在此后2300年的岁月中，《几何原本》一直被奉为几何学的经典。

16世纪开始，射影几何、解析几何、非欧几何、微分几何、代数几何、计算几何等分支先后诞生，这些都为几何理论的深入研究和实际应用开辟了新的道路。

01 | 欧氏几何：
几何学从这里开始

今天中小学课本中的几何学知识大都属于"欧氏几何"的范畴，这正是源于古希腊数学家欧几里得在公元前 300 年前后写成的《几何原本》一书。

"几何学之父"欧几里得

《几何原本》树立了用公理法建立起演绎数学体系的最早典范，因此欧几里得被称为"几何学之父"。尽管欧几里得的名气很大，但我们却对他的生平了解甚少。

在公元 450 年左右的普罗克鲁斯(Proclus，410—485)的著作中，有少量关于欧几里得生平的记载，称他是亚历山大早期成就最高的数学家之一。有一次，埃及托勒密王朝的创建者——托勒密一世(Ptolemy Ⅰ Soter，约前 367—前 283)曾问欧几里得，除了他的《几何原本》，还有没有其他学习几何的捷径？欧几里得回答道："几何学无王者之路。"公元 500 年左右的斯托贝乌斯(Stobaeus，约 5 世纪)也记述了一则关于欧几里得的故事：一个学生才开始学习《几何原本》第一个命题，就问学了之后将会得到些什么，欧几里得说："给他三枚钱币(让他走吧)，因为他想在学习中获得实利。"由此可知欧几里得认为，学习数学是为了训练人的头脑,是纯粹理性地追求真理,而不是为了急切地获取功利。除《几何原本》外,欧几里得还撰写了《已知数》《光学》《现象》等著作,他在许多不同的领域都有所建树。

《几何原本》书名的由来

《几何原本》对应英文书名为 *Euclid's Elements*,所以该书原名为《原本》。"原本"二字是什么意思呢?在数学中,判断某一件事情的陈述句叫作命题。欧几里得将当时古希腊数学中最重要、最基础的命题称为原本(Elements)。《几何原本》中共 465 个命题,几何学中成千上万的命题都是由它们推理而来的。

至于中文书名中的"几何"二字,则要追溯到中国明末。该书第一个汉译本是 1606—1607 年徐光启(1562—1633)和传教士利玛窦合作翻译的,他们创造性地在书名中使用了"几何"一词。可惜,当时二人仅翻译了前六卷。整整 250 年之后，到 1856 年，后九卷才由李善兰(1811—1882)和伟烈亚力(Alexander Wylie, 1815—1887)共同译出，仍用《几何原本》书名。至此，《几何原本》首次全部被译为汉语，终使这部人类文化典籍在中国得以流传，《几何原本》的名称沿用至今。

《几何原本》的主要内容

今天的几何学指的是研究空间结构及性质的数学分支,而《几何原本》一书中并不全是今天几何学范畴的内容。该书共 13 卷,下面是各卷内容概要①:

卷 次	定义	公设	公理	命题	中 心 内 容
第Ⅰ卷	23	5	5	48	直线图形
第Ⅱ卷	2	0	0	14	面积的变换(几何代数)
第Ⅲ卷	11	0	0	37	关于圆的理论
第Ⅳ卷	7	0	0	16	圆内接、外切多边形
第Ⅴ卷	18	0	0	25	一般量的比例理论
第Ⅵ卷	4	0	0	33	比例理论应用于相似形
第Ⅶ卷	22	0	0	39	数论(因数、倍数、整数的比例)

① 目前国际上仍然用罗马数字表示《几何原本》中的卷号。

续　表

卷　次	定义	公设	公理	命题	中　心　内　容
第Ⅷ卷	0	0	0	27	数论(等比级数、连比例、平方立方数)
第Ⅸ卷	0	0	0	36	数论(素数定理、偶数与奇数理论)
第Ⅹ卷	16	0	0	115	无理量
第Ⅺ卷	28	0	0	39	立体几何
第Ⅻ卷	0	0	0	18	求积论(穷竭法)
第ⅩⅢ卷	0	0	0	18	正多面体
共计	131	5	5	465	

　　《几何原本》卷Ⅰ—Ⅵ对平面几何做了比较完整的论述,卷Ⅶ—Ⅸ叙述了数和量,卷Ⅹ引入了公度量和不可公度量的概念,卷Ⅺ—ⅩⅢ讨论了立体几何。早期文明的数学总是包括算术和测量,把解决问题的数值算法看得特别重要,而欧几里得的著作中不包括测量、没有单位,只涉及少量的正整数,而对角的测量只以直角为标准。可以说除了算术计算的具体方法外,该书几乎包括了所有早期古代数学。因此《几何原本》中的内容不仅是今天初等几何学的基础,还在代数学、数论、三角学、非欧几何等其他数学分支领域的形成和发展过程中起到了基础性作用。

历经两千年的时空之旅

　　古希腊数学始于泰勒斯为首的爱奥尼亚学派,他们开创了命题的证明。稍后出现了毕达哥拉斯学派,他们将"万物皆数"作为信条。公元前480年以后,雅典成为希腊的政治文化中心,各种学术思想在此争奇斗艳。智者学派提出了几何作图的三大问题。埃利亚学派的芝诺

(Zeno of Elea, 约前 490—约前 430)提出著名的芝诺悖论，迫使人们深入思考无穷问题。原子论学派的德谟克里特（Democritus, 约前 460—约前 370）用原子法得到锥体体积是同底等高柱体体积的三分之一。柏拉图学派的亚里士多德（Aristotle, 前 384—前 322）是形式逻辑的奠基者。该学派另一个重要人物欧多克索斯（Eudoxus of Cnidus, 约前 400—约前 347）创立了比例论。

从泰勒斯到柏拉图，人们获得了成百上千的命题，但这些命题散落在不同的地方或个人手中，且它们之间的关系比较松散，对于学习和应用来说很不方便。因此把上述数学成果进行集中整理，写出一本书，形成一个严整的体系已成为当时的迫切需求。这样先后涌现出希波克拉底（Hippocratēs, 约前 460—前 377）、勒俄（Leon, 前 4 世纪上半叶）、修迪奥斯（Theudius of Magnesia, 约前 4 世纪）等勇敢的开拓者，最终只有欧几里得的《几何原本》把先贤的成果编纂在一起，历尽沧桑而没有被淘汰。

　　希腊罗马文明衰落后,阿拉伯学者将《几何原本》带到了巴格达;文艺复兴时期,《几何原本》再度出现在欧洲;明末清初,在"西学东渐"的背景下,《几何原本》来到中国,直到今天,其影响依然十分深远。在长达2 300多年的时间里,该书经历了多次翻译和修订,至今已有两千多个版本问世。

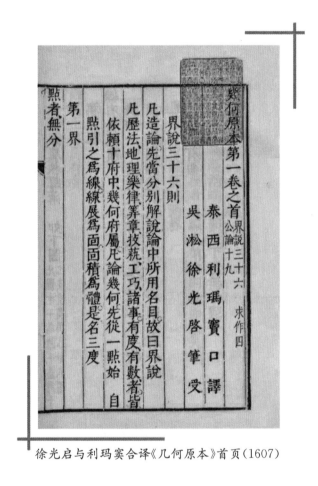

徐光启与利玛窦合译《几何原本》首页(1607)

1. 判断题：

　　(1) 欧几里得《几何原本》中只有几何学内容。　　　　　（　　）

　　(2)《几何原本》里的内容大部分都是欧几里得原创的，所以他被尊称为"几何学之父"。　　　　　　　　　　　　　　　　　（　　）

2. 有一次，托勒密一世问他的老师欧几里得，除《几何原本》之外，还有没有其他学习几何的捷径？欧几里得回答道："几何学无王者之路。"

　　请问："几何学无王者之路"是什么意思？

02 | 几何命题证明:
数学是一个严密的体系

　　证明是根据已知真实的判断来确定某一判断的真实性的思维方式。在数学中,真实性是通过证明来实现的,证明可以让我们相信本来并不相信的东西。目前初中课本中含有大量的几何命题证明问题,这些内容主要源于欧几里得的《几何原本》。

为什么需要证明命题?

　　数学是人类认识自然和改造自然的工具,这样首先要保证数学知识是正确的。如何保证一个数学结论是正确的呢?仅用人们习惯的观察、实验、归纳的方法是不够的,古希腊数学家便引入了命题证明的思想。

　　公元前6世纪,古希腊数学家泰勒斯证明了几个几何命题,例如直径平分圆、等腰三角形两底角相等、对顶角相等之类的命题,这标志着人类对客观事物的认识从经验上升到理论。到了雅典时期,不同派别的数学家和哲学家们要在公开场合进行演讲和辩论,以便宣扬自己派别的观点并且招收学生。如何不被别人驳倒,且说服别人接受自己派别的理论,这就需要进一步发展演绎证明的思想。《几何原本》的公理化体系正是在这样的背景下编写而成的,逻辑证明保证了全书四百多个命题的正确性,使这些命题具有充分的说服力,令人深信不疑。同时,这本书揭示了这些命题之间的内在联系,使它们构成了一个严密的体系,因此数学也成为一门公认的独立学科。

证明的"起点"

　　古希腊数学家证明命题正确的方法被称为演绎法,这是从一般事理成立,推出特殊事理成立的逻辑推理方法。古希腊人进行逻辑推理的起点是那些经过实践反复检验的、为人所共知且一目了然的公理。

　　欧几里得编写《几何原本》的过程就像是建筑师利用砖石来建造大厦。《几何原本》问世之前积累下来的数学知识是零碎的,欧几里得最大的贡献在于他巧妙地把这 465 个命题整理成了一个清晰明确、逻辑严谨的"链条"。书中第Ⅰ卷首先给出 23 条定义(全书共 131 个定义)、5 条公设和 5 条公理。

下面是第Ⅰ卷开头的几条定义：

① 点是没有部分的。

② 线只有长度而没有宽度。

③ 线(不一定是直线)的两端是点。

④ 直线是它上面均匀分布着点的线。

⑤ 面只有长度和宽度。

············

欧几里得此处对点、线、直线、面等的定义有助于我们理解这些抽

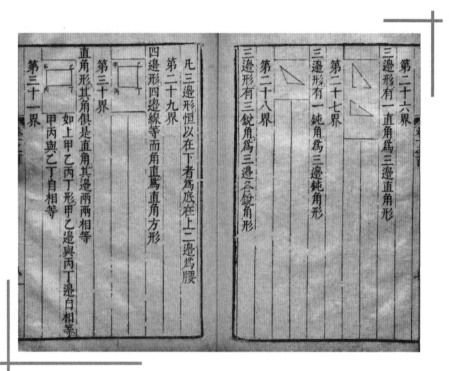

徐光启、利玛窦合译的《几何原本》第一卷部分定义

66

象的概念,在头脑中形成某些图像,使我们能够确定这些对象是存在的。

欧几里得随后给出了全部 5 条公设——几何学中特有的真理:

① 由任意一点到另外任意一点可以画直线。

② 一条有限直线可以继续延长。

③ 以任意点为心及任意的距离可以画圆。

④ 凡直角都彼此相等。

⑤ 同平面内一条直线和另两条直线相交,若在某一侧的两个内角的和小于二直角,则这二直线经无限延长后在这一侧相交。

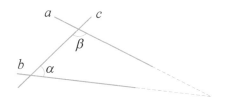

第 5 条公设图示:如果角 α 与角 β 的和小于 $180°$,则直线 a,b 最终会在直线 c 的右侧相交

欧几里得还给出了 5 条公理——对所有学科都成立的真理:

① 等于同量的量彼此相等。

② 等量加等量,其和仍相等。

③ 等量减等量,其差仍相等。

④ 彼此能重合的物体是全等的。

⑤ 整体大于部分。

上述定义、公设和公理就是欧几里得进行证明的起点。

公理体系

定义、公设和公理是欧氏几何这座大厦的根基,它们是不证自明的。利用它们,欧几里得证明了第一个命题。一个几何命题被证明是正确的,就成了一个几何定理。然后以这个定理为基础,结合其他的定义、公设和公理,又证明了第二个定理,如此循序渐进,而不必从头开始。在证明某一个命题的过程中不能出现前面没有讲过的知识,直至逐条证明所有的命题。这种方法的优点是可以避免循环推理,每一个命题都与之前的命题有着十分清晰的线性递进关系。几何学的内容逐渐丰富起来,几何学也就构成了一个严谨的科学体系。

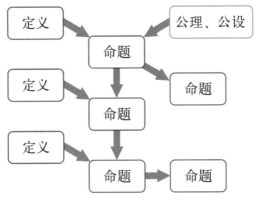

《几何原本》公理系统结构示意图

在两千多年的岁月里,《几何原本》一直被视为纯粹数学的公理化演绎结构的典范,其逻辑公理化方法和严格的证明仍然是数学的基石。从几个简单的定义、公理和公设竟能推导出极为庞大且复杂的知识结构,这种数学演绎也因此成为西方思想中最能体现理性的清晰性和确定性的思维方式。徐光启对这种演绎结构也特别赞赏,他在《几何原本杂议》中指出:"此书有四不必:不必疑,不必揣,不必试,不必改。有四不可得：欲脱之不可得，欲驳之不可得，欲减之不可得，欲前后更置之不可得。"

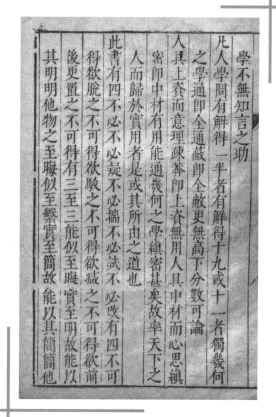

徐光启《几何原本杂议》中提到的"四不必""四不可得"

深远影响

《几何原本》构建了人类有史以来第一个公理系统，它对人类文明有着深远的影响。一方面，它为科学的发展提供了一个典范。哥白尼（Nicolaus Copernicus，1473—1543）、开普勒（Johannes Kepler，1571—1630）、伽利略（Galileo Galilei，1564—1642）和牛顿（Isaac Newton，

1643—1727)等许多科学家都曾受到《几何原本》的影响,并把他们对《几何原本》的理解运用到自己的研究中。例如牛顿把他的三大力学定理,作为经典力学理论讨论的出发点与基本依据。另外,霍布斯(Thomas Hobbes,1588—1679)、斯宾诺莎(Baruch Spinoza,1632—1677)、罗素(Bertrand Russell,1872—1970)等哲学家也都尝试在自己的作品中采用《几何原本》所引入的公理化演绎结构。从某种程度上说,该书对数学、自然科学乃至一切人类文化领域都产生了极其深远的影响。另一方面,千百年来,学生的数学学习都是从《几何原本》开始的,学习命题证明的过程可以锻炼学生的抽象逻辑思维,使学生获得清晰表述自己观点的能力。可以说,《几何原本》作为初等数学教学的重要内容永不过时,启迪了一代又一代人类的心灵。爱因斯坦(Albert Einstein,1879—1955)曾评价了欧几里得的贡献:"如果欧几里得未能激发起你少年时代

的科学热情,那你肯定不会是一个天才的科学家。"

当然,《几何原本》并非完美无缺,它的公理体系也有缺陷,直至
1899 年希尔伯特(David Hilbert,1862—1943)的《几何基础》问世才弥
补了这些漏洞。

第二章　几何

1. 你的面前有两扇门,一扇是生门,一扇死门,门前各有一个守卫。其中一个守卫只说真话,另一个守卫只说假话。你只能向其中一个守卫问一个问题,怎样问才能知道哪扇是生门?

2. 某个小镇有唯一的一名理发师,他立下一个规矩:只给小镇上那些自己不理发的人理发。请问:理发师能给自己理发吗?

3. 要论证"北京市至少有两个人头发数量相同"这句话,有些人给出了如下论证:

  前提:北京市至少有两个光头。

  结论:北京市至少有两个人头发数量相同。

  你认为这样的论证合理吗? 如果不合理,请给出你的论证。

03｜尺规作图:
谁最早作出正十七边形?

　　尺规作图,也称初等几何作图或欧几里得作图,是初中几何教学中的重要内容。《义务教育数学课程标准(2022 年版)》要求的尺规作图共 19 处,分为基本作图和复合作图,有 16 处源于《几何原本》。

序号	《课程标准》要求的尺规作图	《几何原本》对应命题
1	作一条线段等于已知线段	I. 3
2	作一个角等于已知角	I. 23
3	作一个角的平分线	I. 9
4	作一条线段的垂直平分线	I. 10, I. 11
5	过一点作已知直线的垂线	I. 11, I. 12
6	作图理解三角形	I. 22
7	过直线外一点作这条直线的平行线	I. 31
8	已知三边作三角形	I. 8
9	已知两边及其夹角作三角形	I. 4
10	已知两角及其夹边作三角形	I. 26
11	过不在同一直线上的三点作圆	IV. 5
12	作三角形的外接圆	IV. 5

续　表

序号	《课程标准》要求的尺规作图	《几何原本》对应命题
13	作三角形的内切圆	IV.4
14	作圆的内接正方形	IV.6
15	作圆的内接正六边形	IV.15
16	过圆外一点作圆的切线	III.17

不普通的"直尺与圆规"

在《几何原本》问世之前的希腊雅典时期,智者学派的伊诺皮迪斯(Oenopides of Chios,约前5世纪)最先明确提出了作图要有尺规的限制。伊诺皮迪斯用几何作图来解释宇宙现象,并相信宇宙运动的基本形式是直线和圆,其他形式都可以由它们组合或派生而成。自此,几何作图成为希腊数学的一大研究主题。智者学派以重视逻辑著称,他们主要研究几何作图问题。其中作图只允许用无刻度的直尺和张角不固定的圆规,同时必须在有限的步骤内完成。

 ## 尺规作图"三大难题"的提出

古希腊人的兴趣其实并不在于图形的实际作出,而是在尺规的限制下从理论上去解决这些问题。这是几何学从实际应用向演绎体系靠近的又一步,正是由于尺规作图的限制,智者学派遗留了"三大难题":

第一,化圆为方。如何作一个正方形和已知圆等面积呢?

第二，三等分任意角。三等分某些角，如 90°、180° 并不难，但是否所有角都可以三等分呢？

第三，倍立方问题。求作一正方体，使其体积等于已知正方体的两倍。

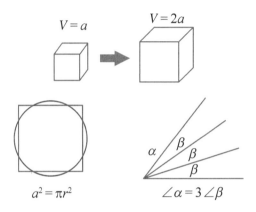

$$a^2 = \pi r^2 \qquad \angle\alpha = 3\angle\beta$$

古希腊尺规作图三大难题

作图公法

《几何原本》的问世将尺规作图用公设的形式规定下来，于是这本书成为古希腊几何的金科玉律，在此之后相当长的时期内，尺规作图都是数学中的重要研究课题。我们可以直观来看一下在作图中，直尺和圆规究竟能作什么？

① 通过两点来作直线（公设 1）；

② 以已知点为圆心，已知线段为半径作圆（公设 3）；

③ 定出两条已知非平行直线的交点；

④ 定出两个已知圆的交点；

⑤ 定出已知直线与已知圆的交点。

上述五条称为作图公法,也就是使用直尺与圆规的基本功能,每个作图题都是有限次地反复运用这五条公法而完成的。在作图公法的基础上,还要遵守三条规约,才能算是真正的"尺规作图"。前两条是前面提到过的,使用无刻度的直尺和张角不固定的圆规,同时使用直尺圆规是有次数限制的;第三条是作出的图形必须能用逻辑推理的方法证明它的正确性。

《几何原本》命题Ⅰ.1

《几何原本》中的命题可以分为两类:一类以尺规作图为目的,另一类以证明为目的。从《几何原本》开始,尺规作图就是构建几何演绎体系的基础,同时也是感知几何图形、理解图形性质、探究几何规律的认知工具。下面以《几何原本》全书第一个命题——命题Ⅰ.1为例来看一下书中的作图问题。

命题Ⅰ.1:在一条给定的有限直线上作一个等边三角形。

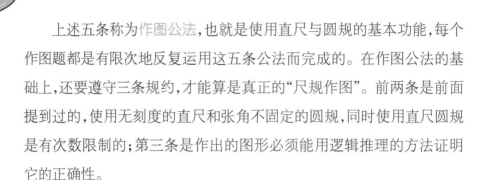

《几何原本》命题Ⅰ.1 附图

欧几里得的尺规作图方法如下:如图,设 AB 是已知线段,以点 A 为圆心、线段 AB 为半径作圆 BCD;再以点 B 为圆心、BA 为半径作圆 ACE,连接 A、B 和两圆的一个交点 C 后得到的三角形 ABC 即为所求作的等边三角形。

在《几何原本》中，尺规作图的过程必须通过严格的逻辑来证明，书中接下来给出的证明方法如下：因为 A 是圆 BCD 的圆心，所以 AC 等于 AB；又 B 是圆 ACE 的圆心，所以 BC 等于 AB。既然 AC 和 BC 都等于 AB，根据"等于同一个量的量彼此相等"可知 AC、AB 和 BC 三者相等，故三角形 ABC 是等边三角形。

除了前面给出的正三角形的作法，欧几里得在《几何原本》第Ⅳ卷中还给出了正四边形（命题Ⅳ.6）、正五边形（命题Ⅳ.11）、正六边形（命题Ⅳ.15），甚至还有正十五边形（命题Ⅳ.16）的尺规作图方法。

徐光启、利玛窦合译版《几何原本》命题Ⅰ.1

 ### 尺规作图的"能"与"不能"

显然，通过作正多边形每条边上的垂直平分线与其外接圆周的交点，便可以求得上述这些正多边形的连续偶数倍的正多边形，例如通过正三角形可以求作正六边形、正十二边形……但是对于有些正多边形欧几里得却只字不提，如正七边形、正九边形、正十七边形等。可能的解释是，欧几里得尝试过这些未提及的正多边形作法，碰到了"不能"作出的情形。这些正多边形的作图问题,越来越引起人们的兴趣。

1796 年,年仅 19 岁的高斯便给出了正十七边形的尺规作图方法。而且,高斯已经意识到尺规不是万能的,他希望能找出一种判别方法,来判断哪些正多边形可以利用尺规作出,哪些正多边形不能作出。1801 年,高斯终于发现了可以判断一个正多边形"能作"或"不能作"的准则。从此,用尺规作正多边形问题得到解决,由这个判别准则可知,正七边形、正九边形、正十九边形等都是尺规作图不能作出的。

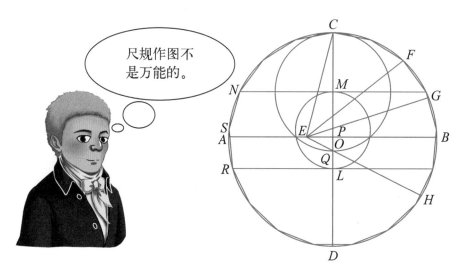

尺规作图不是万能的。

高斯给出的正十七边形的尺规作图

尺规作图"三大难题"的解决

除了上面的正多边形作图问题,千百年来,大量的数学家在三大几何作图问题上付出了巨大的心血。17 世纪,笛卡儿(René Descartes,1596—1650)进一步完善了解析几何知识,得出所谓尺规作图等价于对给定的实数进行加、减、乘、除和开方运算,相当于将几何问题转化为代数问题研究,这为解决三大难题提供了有效的工具。19 世纪初,高斯通过正多边形作图,明确了尺规的效能是有限的,从此把作图问题的研究方向转换到寻找一般作图问题的判断标准。1837 年,法国数学家旺策尔(Pierre Wantzel,1814—1848)注意到:直线方程是一次的,而圆的方程是二次的。

作图公法中的交点问题,可以转化为求一次与二次方程组的解的问题:

① 化圆为方,需作出数 $\sqrt{\pi}$ 的值。1882 年,林德曼(Ferdinand von Lindemann,1852—1939)证明了 π 是超越数[①],从而 $\sqrt{\pi}$ 也是超

① 在数论中,超越数(transcendental number)是指任何一个不是代数数的数。只要一个数不是任何一个有理系数代数方程的根,它即是超越数。除圆周率 π 外,自然对数底 e 也是超越数。

越数,它是不可作数,这就证明不能利用尺规解决化圆为方问题;

② 三等分角,如果记 $a = \cos A$,要作出角度 $\dfrac{A}{3}$,也必须作出相应的余弦值 $x = \cos\left(\dfrac{A}{3}\right)$。 由三倍角公式,此时 x 是方程 $4x^3 - 3x - a = 0$ 的解,这个方程的 3 个根都是不可作数。1837 年,旺策尔证明这是不能通过尺规解决的问题;

③ 倍立方体,需要作出数值 $\sqrt[3]{2}$(这是一个不可作数),1837 年,旺策尔证明这是不可能用尺规解决的问题。

至此,几何三大作图问题已经圆满解决,结论是"不可能"。但是应注意,其前提是尺规作图,如果不限于尺规,就会变成可能。

 **思考题**

1. 判断题：

   古希腊数学家关注尺规作图问题是为了把图形作得更加精美。

   （ ）

2. 填空题：

   古希腊数学家提出的尺规作图"三大难题"分别是_____、_____

   和_____。

04 | 黄 金 比:

最具美感的比例从何而来?

把一条线段分成两部分,如果较短部分与较长部分长度之比等于较长部分与整体长度之比,这个比例被公认为是最能体现美感的比例,因此被称为黄金比,也称黄金分割比。

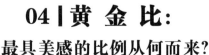

在任意线段 AB 上取一点 C,如果有 $\dfrac{BC}{AC}=\dfrac{AC}{AB}$,即截得的较长线段 AC 是较短线段 BC 和原线段 AB 的比例中项,此时称 $\dfrac{BC}{AC}=\dfrac{AC}{AB}$ 为黄金比,点 C 将 AB 进行黄金分割,点 C 是 AB 的黄金分割点。

$$A \quad\quad\quad\quad\quad C \quad\quad\quad\quad B$$

线段的"黄金分割"图示

黄金比的比值究竟是多少呢? 不妨设 $AB=1$,$AC=\phi$。若 AC 满足上文所述的比例关系,则有: $\dfrac{1-\phi}{\phi}=\dfrac{\phi}{1}$,即 $\phi^2+\phi-1=0$,求解此二次方程,略去负根,有 $\phi=\dfrac{\sqrt{5}-1}{2}\approx 0.618$,这就是(内)黄金比的比值,用

希腊字母表中第 21 个小写字母 ϕ 表示。另外,有时将 ϕ 的倒数,即较长

线段与较短线段的比值 $\dfrac{1}{\phi}=\dfrac{1}{\dfrac{\sqrt{5}-1}{2}}=\dfrac{\sqrt{5}+1}{2}\approx1.618$ 称为外黄金比的

比值。

黄金三角形

对黄金比的研究最早可以追溯到古希腊毕达哥拉斯学派。古代的
几何学家们比较容易地用尺规作出了正三角形、正方形和正六边形,就
认为也可以很容易地作出正五边形,然而这涉及 36° 和 72° 角的求作问
题。毕达哥拉斯学派最早作出了 36° 和 72° 角并由此作出了正五边形和
五角星形,所以把五角星形作为学派的秘密徽章和联络标志。

　　圆内接正五边形的一边所对圆心角是 72°,只要将任意圆的圆心处等分成五个 72°,那么就会得到正五边形。72°是一个等腰三角形的两个底角时,36°则是它的顶角。于是正五边形作图问题就转化为了作三个内角分别为 36°、72°、72°的等腰三角形,这便是著名的黄金三角形。如图,AC 平分 $\angle OAB$,显然有 $OC = AC = AB$,三角形 $BAC \backsim$ 三角形 AOB。

现取 $OA = 1$,设 $AB = x$,于是有 $\dfrac{AB}{BC} = \dfrac{OA}{AB}$,得

$\dfrac{x}{1-x} = \dfrac{1}{x}$,即 $x^2 + x - 1 = 0$,解得 $x = \dfrac{\sqrt{5}-1}{2} \approx$ 0.618,由此可知顶角为 36°的等腰三角形的底边和腰的比为黄金比。

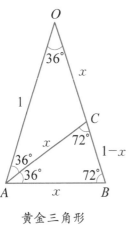

黄金三角形

从"中外比"到"黄金比"

　　事实上,"黄金比"这一名称是很晚才提出来的,但是这一内容早在欧几里得《几何原本》中就有多处详细论述,分别是命题 Ⅱ.11、Ⅳ.10、

Ⅵ.30 和 Ⅻ.9,这足以表现出欧几里得对此问题的重视。起初,在《几何原本》中该问题并不叫"黄金比",在其英文译本中称为"extreme and mean ratio",明末徐光启和传教士利玛窦将其译

徐光启、利玛窦合译《几何原本》命题 Ⅱ.11 插图

为"理分中末线",这个"理",是 ratio,即比。相当于把线段分成这样的比:分一线段为二线段,使整体线段比大线段等于大线段比小线段,今天通常译为"中外比"。

下面我们看看欧几里得关于黄金比的作图方法,也就是《几何原本》命题Ⅱ.11 的内容:

> 分已知线段,使它和一条小线段所构成的矩形(面积)等于另一小段上的正方形(面积)。

设 $AB = 1$ 是已知线段,要求它的黄金分割点。在 AB 上作正方形 $ABDC$,取 AC 中点 E,连接 EB,延长 CA 到 F,取 $EF = EB$,在 AF 上作正方形 $AFGH$。此时点 H 就是 AB 上所求作的黄金分割点,满足矩形 $BDKH$ 的面积等于正方形 $AFGH$ 的面积,这种作图法被称为欧几里得法,大家可以自己证明一下。

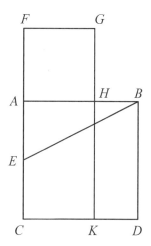

《几何原本》命题Ⅱ.11 附图

黄金比具有严格的比例性、艺术性、和谐性,蕴藏着丰富的美学价值,这一比值极具美感,被认为是建筑和艺术中最理想的比例。德国美学家阿道夫·蔡辛(Adolf Zeising,1810—1876)于 1854 年发表长篇论文《人类躯干平衡新论》,1855 年出版著作《美学研究》,首次正式提出人体中的黄金比的说法,他的名言是:"宇宙之万物,不论花草树木,还是飞禽走兽,凡是符合黄金比的总是最美的形体。"菲狄亚斯(Phidias,约前 490—约前 430)是古希腊著名雕塑家,很多人认为他在雕塑作品中应用了黄金比。1909 年,为了纪念菲狄亚斯,美国数学家马克·巴尔(Mark

Barr,1871—1950)正式提出用菲迪亚斯名字的首字母 ϕ 表示黄金比的比值,得到了大家的公认和采用。

> 符合黄金比的才是最美的。

用尺规作图快速作黄金比

知道了黄金比的定义,那么如何利用尺规作图快速作出一条已知线段的黄金分割点呢? 可以按照下面的步骤进行:

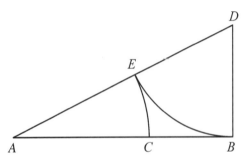

用尺规作图的方法对线段进行黄金分割

① 设已知线段 AB,过点 B 作 $BD \perp AB$,且 $BD = \dfrac{AB}{2}$;

② 连接 AD;

③ 以点 D 为圆心,DB 为半径作弧,交 AD 于 E;

④ 以点 A 为圆心,AE 为

半径作弧,交 AB 于 C,则点 C 即为线段 AB 的黄金分割点。

黄金矩形

当一个矩形的短边和长边的比值是 0.618 时,这样的矩形被称为黄金矩形。在历史上,许多设计师和建筑师都相信黄金矩形能够给画面带来美感,令人愉悦,例如著名的古希腊帕提侬神庙等建筑在设计上都应用了黄金矩形。

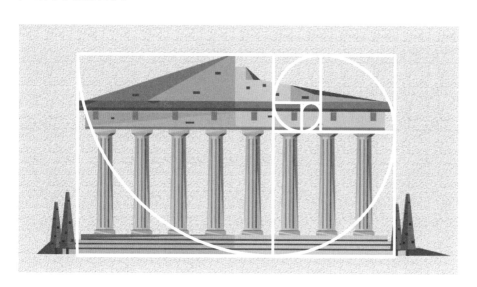

帕提侬神庙中的黄金矩形结构

那么,如何用尺规快速作一个黄金矩形呢?

① 首先作一个正方形,如图将其一条边向一侧延长。

② 作出延长边的中点。

③ 如图,利用圆规以此中点为圆心,以其到对边的顶点距离为半径作一段圆弧。

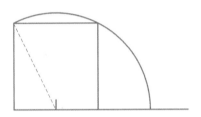

④ 所作圆弧会与延长线有一个交点,将其作为所求作黄金矩形的一个顶点。如图,原正方形右侧的矩形即为所作黄金矩形。

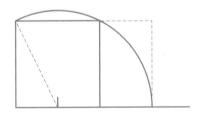

 思考题

1. 根据上文用尺规作图快速作黄金比的图示与过程,请你说明:为什么点 C 是线段 AB 的黄金分割点?

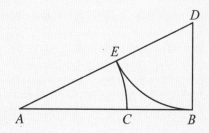

2. 已知黄金矩形 $ABCD$,其宽 $CD = \phi$,长 $AD = 1$。从中分割出一个正方形 $ABFE$,请你证明:分割剩下的矩形 $CDEF$ 也是一个黄金矩形。

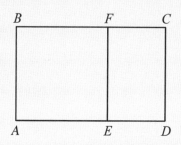

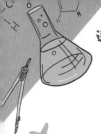
05 | 圆 周 率:

割圆术是怎么算出圆周率的?

圆周率是指平面上圆的周长与直径的比值,即圆周率＝圆周长÷直径,一般用希腊字母 π 表示,是一个在数学及物理学中普遍存在的常数。起初,人们求解圆周率的目的大都与生产生活有关,例如圆形的车轮、圆形的祭坛、圆形的建筑物需要用多少原材料。后来,高精度的圆周率求解大多与天文学有关。16 世纪以后,更高精度圆周率的求解通常是数学家追逐的梦想,与不同算法的改进有关。

周三径一

现在我们知道,圆周率是一个无理数,即无限不循环小数 3.14159265…,在日常生活中使用时,通常取近似值 3.14。

人类计算 π 的历史,大体上分为四个阶段,分别是:实验法、几何法、分析法和计算机计算。实验法指早期人类多凭直观推测或实物测量而得到圆周率的经验结果。在古代很长一段时间里,埃及人、巴比伦人、印度人、中国人等都根据实验法将圆周率取值为 3,例如在我国成书于公元前 1 世纪的《周髀算经》中就有"圆径一而周三"的说法。当然,今天我们知道这个结果是不准确的。

不可階而升地不可得尺寸而度邈乎懸廣乎無

遐可量請問數安從出心昧其旨商高曰數之

法出於圓方圓徑一而為句長方徑一匝而為股伸

妙約之數形以見其象因奇偶而是制其法所謂方言

之數幽遠通微矣見其象以制其法陳圓方

以方正之物出之矩出於九九八十一率推圓方匝長也

九之數者須乘除之原也故折矩也者將為句股之辭

折矩故曰以為句廣三廣句亦廣橫者謂之股脩

《周髀算经》中赵爽注"圆径一而周三"

刘徽与割圆术

人类在很长一段时间里,致力于通过圆的内接和外切正多边形的周长或面积来计算 π 的近似值,这就是求解 π 的几何法。例如,公元 1 世纪左右成书的《九章算术》中记载了"圆田术",给出了四种圆面积计算方法,第一种相当于 $S_{圆}=\dfrac{L}{2}\times\dfrac{d}{2}$,其中 L 为圆周长,d 为圆的直径。在已知正确的圆直径与圆周长时,此公式是正确的。公元 3 世纪,数学家刘徽(约 225—约 295)为了证明这个圆面积计算公式,创造了著名的割圆术。

割圆术的具体过程可用现代数学语言描述如下:

首先,刘徽从圆内接正六边形开始割圆,依次得到圆内接正 6×2,6×2^2,… 边形。设圆内接正 6×2^n 边形的面积为 S_n,$n = 0$,1,2,3,…,圆的面积为 S。则有 $S_n < S$。随着分割次数越来越多,$S - S_n$ 越来越小,到不可再分割时,正多边形就与圆周重合,$S - S_n$ 就小到没有了,相当于:$\lim\limits_{n \to \infty} S_n = S$(lim 代表无限趋近)。这就是圆的面积的下限。

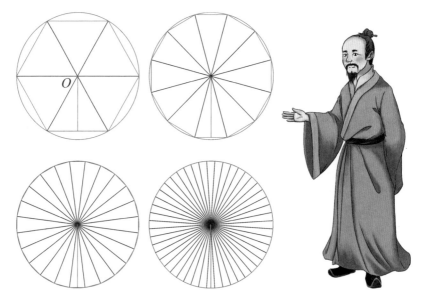

随着分割次数增加,正多边形的面积越来越接近圆形的面积

至于圆的面积的上限,刘徽在切点 C 作 AB 的平行线 EF,如下图。刘徽指出,圆内接正 6×2^n 边形的每边和圆周之间有一段距离 r_n(下右图中的 CG),称为余径。将正 6×2^n 边形的每边长 a_n 乘余径 r_n,得到以边长 a_n 为长、余径 r_n 为宽的长方形 $ABFE$ 的面积,从下左图中可以看出,红色部分与绿色部分的面积相等,所以长方形 $ABFE$ 的面积等于三角形 ABC 面积的 2 倍。而绿色部分的面积正好是正十二边形与正六边形的面积差。

这样的一系列长方形的面积总和是 $2(S_{n+1} - S_n)$。将其加到 S_n

上,就超出了整个圆,故有 $S < S_n + 2(S_{n+1} - S_n)$。这就是圆的面积的上限。

　　类似地,当分割连续进行下去,以至于不能再分割时,得到的包含这些长方形的多边形就与圆周重合,那么 $\lim\limits_{n\to\infty} r_n = 0$,$\lim\limits_{n\to\infty}[S_n + 2(S_{n+1} - S_n)] = S$。刘徽的论证,得出了圆面积的上界序列与下界序列的极限都是圆面积,从理论上保证了圆面积存在且可求。

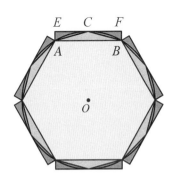 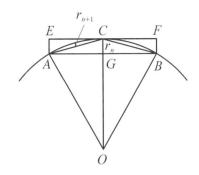

刘徽割圆术图示

　　最后,刘徽把与圆周合体的正多边形分割成无穷多个以圆心为顶点,以每边长为底边的小等腰三角形。圆的半径乘这个多边形的边长等于每个小等腰三角形面积的 2 倍,同时这些小等腰三角形的底边之和等于圆周长 L;另外这些小等腰三角形面积的总和就是圆的面积,所以圆半径乘圆周长等于圆面积的 2 倍,于是圆面积就是周长之半与半径的乘积,即 $S_圆 = \dfrac{L}{2} \times r$。

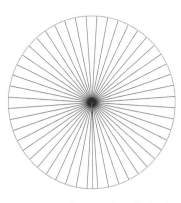

与圆周逐渐合体的正多边形

　　接下来,刘徽利用割圆术,在中国历史上首次提出了求圆周率的科学方法。他指出,《九章算术》四种圆面积的计算方法中,后两种中使用的 $\pi = 3$ 有误,因此他取直径为 2 尺[①]的圆,其内接正六边形的边长 AB 为 1 尺。取弧 AB 的中点 C,则 AC 就是圆内接正十二边形的一边,OC 与 AB 交于点 G,利用勾股定理得到弦心距 $OG = \sqrt{OA^2 - AG^2}$,余径 $CG = OC - OG$,此时易知 $AG = \dfrac{1}{2}AB$,再利用勾股定理得正十二边形的边长 $AC = \sqrt{AG^2 + CG^2}$。

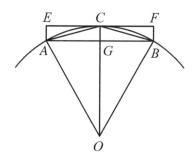

最终,刘徽通过上述割圆术方法得:$S_{正192边形} < S < S_{正96边形} + 2(S_{正192边形} - S_{正96边形})$,该不等式上下限的整数部分为 314 寸^2,刘徽将其作为圆面积的近似值。然后通过已经证明的圆面积公式 $S_{圆} = \dfrac{L}{2} \times r$ 求出圆周长 $L \approx 6$ 尺 2 寸 8 分,用圆周长与直径相约,得到圆周长与直径的比,用现代数学符号表示为 $\pi = \dfrac{L}{d} = \dfrac{157}{50}$,后人称之为徽率,相当于 π 取值 3.14。接下来,注文指出,如果需要更加精确的圆周率结果,可以通过计算圆内接正 1 536 边形的边长,进而计算圆内接正 3 072 边形的面积,得到圆周率的近似值为 $\dfrac{3\,927}{1\,250}$($\pi = 3.141\,6$)。

在中国数学史上,刘徽是奠基人之一,他的杰作《九章算术注》和《海岛算经》是中国最宝贵的数学遗产,为中国古代数学理论的发展做出了

---

① 尺、寸、分为中国古代计量单位,1尺=33.333…厘米,1寸=3.333…厘米,1分=0.333…厘米。

极大的贡献。

遗失的《缀术》

讲到中国古代数学家对圆周率的贡献,必然要提到祖冲之。祖冲之(429—500)是南北朝时期杰出的数学家、天文学家,他在著作《缀术》一书中将圆周率的数值计算到 $3.1415926 < \pi < 3.1415927$,还得到两个近似分数:密率 $\frac{355}{113}$ 和约率 $\frac{22}{7}$。《隋书·律历志》对祖冲之计算圆周率的结果有所记载,但是《缀术》已经遗失,我们对祖冲之的算法并不清楚,一般认为祖冲之可能继承了刘徽的算法。

《隋书·律历志》中关于祖冲之计算圆周率结果的记载

中亚奇才

15 世纪初,在撒马尔罕的乌鲁伯格天文台工作的阿拉伯数学家阿尔·卡西,在其所著《论圆周》中也是利用几何法求解 π,此时他所用的圆内接和外切正多边形边数已高达 $3×2^{28}$,最终将圆周率的准确值推算到小数点后第 16 位,首次打破了祖冲之保持了约一千年的纪录。

阿尔·卡西在《论圆周》介绍部分给出了求解高精度圆周率的原因。他简要回顾了以往三位著名的数学家阿基米德(Archimedes,前 287—前 212)、阿布·瓦法(Abu'l-Wafā',940—998)和阿尔·比鲁尼(Al-Bīrūnī,973—约 1050)的相关研究中存在的缺陷。随后,阿尔·卡西给出了他所要求圆周率的精度要求,即若存在一个直径为地球直径600 000倍的假想天球,要使得通过此直径所求得的圆周长与真实值之间的误差小于一根马鬃的粗细。阿尔·卡西通过估算,得出满足上述要求的圆周率必须精确到六十进制分数值的第9位,即60^{-9}(相当于10^{-16})。值得一提的是,阿尔·卡西没有盲目地利用多边形进行割圆,而是像利用蓝图造房子一样,突破性地在计算之前对全部运算量进行了精确的估算,同时在计算过程中展现出高超的计算技巧。

1610年,德国数学家鲁道夫(Ludolph van Ceulen,1540—1610)花费了14年时间,最终用几何法将π算到小数点后35位。1630年,奥地利数学家格林贝格(Christoph Grienberger,1561—1636)将π算到小数点后38位,为几何法求解圆周率画上了句号。

分析法与计算机计算

1671年,苏格兰数学家格雷戈里(James Gregory,1638—1675)发现了反正切函数的展开式:

$$\arctan x = x - \frac{x^3}{3} + \frac{x^5}{5} - \frac{x^7}{7} + \frac{x^9}{9} - \cdots (-1 < x \leqslant 1)$$

$$x = 1 \text{ 时}, \frac{\pi}{4} = 1 - \frac{1}{3} + \frac{1}{5} - \frac{1}{7} + \frac{1}{9} - \cdots$$

这开辟了用分析法求解π的新时代。很可惜,上述公式计算π时收敛太慢,例如要求出3.14要算628项,实用性不强。

1643年1月4日,牛顿出生于英格兰林肯郡的伍尔索普庄园。1666年,23岁的牛顿可以用"一骑绝尘"来形容:他用三棱镜分解了光的色彩,发明了微积分,得出了万有引力定律。

1676 年,牛顿发现了反正弦函数的展开式:

$$\arcsin x = x + \frac{x^3}{2 \times 3} + \frac{3x^5}{2 \times 4 \times 5} + \frac{3 \times 5x^7}{2 \times 4 \times 6 \times 7} + \cdots$$

$$x = \frac{1}{2} \ \text{时},$$

$$\frac{\pi}{6} = \frac{1}{2} + \frac{1}{2 \times 3 \times 2^3} + \frac{3}{2 \times 4 \times 5 \times 2^5} + \frac{3 \times 5}{2 \times 4 \times 6 \times 7 \times 2^7} + \cdots$$

利用上述公式,牛顿在极短时间内就推算出 π 的 14 位准确小数值,虽然位数不多,但这展现了微积分强大的力量。随着新的级数展开公式的应用,1949 年,人工算出了 π 小数点后超过 1 000 位的准确值。在此期间,由于 π 的准确值位数的增加,人类开始致力于 π 性质的研究。1767 年,德国数学家朗伯(Johann Heinrich Lambert,1728—1777)证明了 π 是无理数。1882 年,德国数学家林德曼证明了 π 是超越数,即 π 不是任何整系数多项式的根。

1949 年,冯·诺依曼等人利用电子计算机"埃尼阿克"(ENIAC),仅用 70 小时就算出了 π 小数点后超过 2 000 位的准确值,自此人类使用电子计算机计算 π 的准确值纪录不断被刷新。目前,圆周率求解的世界纪录是小数点后 100 万亿位。能否计算出数位更多的 π 值,已成为检验计算机可靠性、精确性、运算速度的有效手段。

两名工作人员正在操作埃尼阿克的主控制面板

思考题

1. 一个圆形桌面的直径是 0.9 米,它的周长是多少米(π 取 3.14)?

2. 一个半圆的周长是 20.56 分米,这个半圆的半径是多少分米(π 取 3.14)?

06 | 球体体积公式：
一场跨越了两百年的数学接力赛

当球的半径为 r 时，球体体积公式为 $V_{球}=\dfrac{4}{3}\pi r^3$。如果你学过定积分，这个公式的推导并不难。[①] 但微积分直至 17 世纪才被发明，在此之前，人们如何计算球体体积呢？事实上，两千年前的人们就开始思考这一问题，而且古希腊和中国古代数学家们都得出了正确的答案。

"给我一个支点，我可以撬起整个地球"

阿基米德是古希腊著名数学家、力学家、工程师。为了纪念他，现在数学界最高奖项之一的菲尔兹奖奖章的正面就刻着阿基米德

菲尔兹奖奖章正反面

---

① 设经过球心的水平面高度为 0，在高度 x 处切一片圆盘薄片，截面半径设为 y，厚度为无穷小量 dx。此时半球积为 $\dfrac{1}{2}V_{球}=\displaystyle\int_0^r \pi(r^2-x^2)dx=\dfrac{2}{3}\pi r^3$，因此 $V_{球}=\dfrac{4}{3}\pi r^3$。

的头像,仔细观察奖章的背面,你会发现一个圆柱,里面内切一个球体,这正是阿基米德一生最珍视的研究成果——球的体积是容纳球的最小圆柱体体积的 $\frac{2}{3}$。

阿基米德是借助几何学和杠杆力学巧妙地推出上述结论的,大体思路如下:如图,将矩形(长为宽的2倍)、三角形和圆(直径与矩形的宽相等)围绕轴 AB 旋转,得到三个旋转体——圆柱、圆锥和球。然后,想象从三个旋转体上切下与点 A 相距 x,厚 Δx 的水平切片,并将它们放在杠杆两端,位置如下图。如果旋转体密度相同,三个切片使以 A 为支点的杠杆达到平衡。将所有切片累加,相当于锥体、球体和圆柱达到新的力矩平衡,进而推导出球体公式,在此过程中应用了微分和积分的思想。

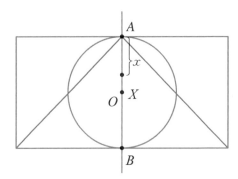

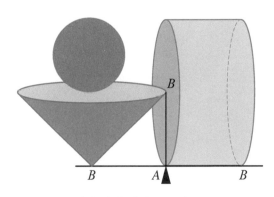

阿基米德推导球体公式图示

 牟(móu)合方盖

中国古代数学家们探索球体体积的过程更像是一场跨越了两百年的接力赛。

在《九章算术·少广》中，关于球体体积公式的内容称为"开立圆术"。开立圆术曰：置积尺数，以十六乘之，九而一，所得开立方除之，即立圆径。意思是，若已知球体积为 $V_球$，则直径 $D = \sqrt[3]{\dfrac{V_球 \times 16}{9}}$，可以推出球体体积公式：$V_球 = \dfrac{9}{16}D^3$，但即使用"周三径一"的圆周率 $\pi = 3$，也对应不上今天的公式 $V_球 = \dfrac{4}{3}\pi r^3$，这就意味着在《九章算术》编写的年代，人们并不知道准确的球体体积公式。

东汉张衡（78—139）很快发现了这个问题并进行了研究，他给出 $V_球 = \dfrac{5}{8}D^3$，但这同样不准确。公元 263 年，刘徽在注释《九章算术》时，也发现了这个问题。为了得到准确的计算公式，刘徽提出了一个名为"牟合方盖"的几何模型，相当于两个等半径圆柱垂直正交的公共部分。"盖"是马车上的伞盖，"方盖"指的是"盖"的底面是正方形，"牟合"指的是两个"方盖"严丝合缝地接在一起。

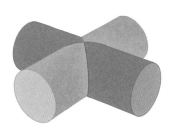

牟合方盖

祖暅(gèng)原理

刘徽为什么设计"牟合方盖"呢?事实上,它有两个特性:第一,它的内部正好内切一个等高的球体;第二,用任意平行于牟合方盖底面的水平面横截牟合方盖,所截得牟合方盖与球的截面积之比恒等于 4:π。刘徽指出只要求出"牟合方盖"的体积,就

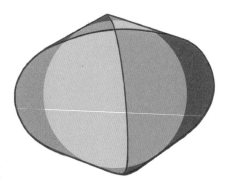

内切圆球牟合方盖

可以利用 4:π 的关系推算出球体体积,很可惜他没有完成最后一步。对此,刘徽有言"敢不阙疑,以俟能言者",表现出一位伟大学者的坦荡胸怀。

刘徽此处不加证明地使用了一个原理:对于等高的两个立体图形,如果相同高度处的截面积之比总是常数 a,那么二者体积之比也是 a。祖暅对此原理的描述是"缘幂势既同,则积不容异",因此该原理在中国通常被称为"祖暅原理",而在西方通常被称为"卡瓦列里原理"[1]。但实

祖暅原理:"缘幂势既同,则积不容异。"

面积　高

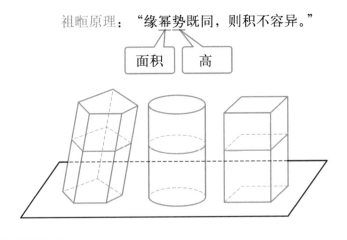

---

[1] 卡瓦列里(Bonaventura Francesco Cavalieri,1598—1647),意大利著名数学家。

际上该原理只有在微积分理论建立后才能被证明,无论是刘徽、祖暅,还是卡瓦列里都只是假定这一原理正确,直接把它当作公理来使用。

∂ 数学接力赛

祖暅(456—536),字景烁,是南北朝时期数学家祖冲之的儿子。祖暅通过求解"牟合方盖"的体积,再利用刘徽所得结论 $V_{牟合方盖} : V_{球} = 4 : \pi$,彻底解决了球体体积问题。他求解"牟合方盖"体积的方法,被唐代李淳风以注文的形式记录于《九章算术》之中。大体过程是,祖暅考虑了一个棱长为 r 的正方体,其中包含高为 $2r$ 的牟合方盖的 $\dfrac{1}{8}$。

如下左图所示,在距底面高度 h 处作水平面截立方体,得到截面为正方形(面积为 r^2),"牟合方盖"部分截面为紫色正方形(根据勾股定理,正方形边长 $a^2 = r^2 - h^2$,因此其面积为 $r^2 - h^2$),二者相减剩余红色拐尺部分面积为 h^2。如右图所示,若将一底面边长为 r,高也为 r 的正四棱锥倒立放置,在距地面 h 处也作截面,则其截面积也为 h^2,恰好与前面拐尺的面积相等。

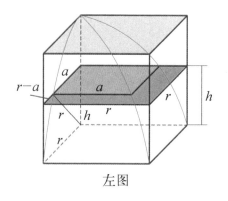

左图

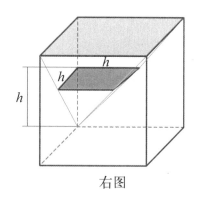

右图

正方体(左图)中包含一个 $\dfrac{1}{8}$ 牟合方盖

根据祖暅原则，有 $V_{正方体} - \dfrac{1}{8}V_{牟合方盖} = V_{锥}$，

则有 $V_{牟合方盖} = 8(V_{正方体} - V_{锥}) = 8\left(r^3 - \dfrac{r^3}{3}\right) = \dfrac{16}{3}r^3$，

因为 $V_{牟合方盖} : V_{球} = 4 : \pi$，

可知 $V_{球} = \dfrac{\pi}{4}V_{牟合方盖} = \dfrac{\pi}{4} \cdot \dfrac{16}{3}r^3 = \dfrac{4}{3}\pi r^3$。

祖暅终于完成了刘徽的夙愿，为球体体积公式的研究画上了一个圆满的句号。

 **思考题**

1. 一个球体的半径是6厘米,请你计算该球体的体积(π 取3.14)。

2. 一个球体的体积为113.04立方厘米,请你计算该球体的半径(π 取3.14)。

第三章
代数

代数学是数学中最重要的基础分支之一。代数学按照发展的先后顺序可分为初等代数学和抽象代数学,目前我国在中小学阶段所讲授的是初等代数学。

初等代数学是指 19 世纪上半叶以前的方程理论,主要研究某一方程(组)是否可解,怎样求出方程所有的根(包括近似根)以及方程的根所具有的各种性质。

代数之前已有算术。代数与算术的主要区别在于代数要引入未知数,根据问题的条件列方程,然后解方程求未知数值。尽管古埃及、古巴比伦、古希腊和古代中国等早期数学文明中都可以找到一些零星的代数学内容,但代数与算术在很长一段时间内是伴生在一起的。代数学发展成为一门独立的数学分支应归功于中世纪的阿拉伯人。最早的代数学著作是 9 世纪初花拉子密(al-Khowārizmī,约 780—约 850)的《还原与对消之书》(简称《代数学》),它标志着初等代数学的诞生,该书后来被译为拉丁文并在欧洲广泛传播。

19 世纪末,代数学从方程理论转向代数运算的研究,揭开了抽象代数的序幕。

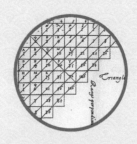

01 ┃ 双假设法：
古人创造的解题方法

今天，人们在遇到求解未知数的问题时，一般会设问题中的所求量为 x，然后根据题意建立方程并求解，这属于初等代数学的范畴。事实上，建立方程求解的思想起源于 9 世纪初的阿拉伯数学家。在方程算法普及之前，还有一些广泛使用的算法可以求解含未知数的问题，双假设法就是其中之一。在世界上多个古代文明中都可以找到应用双假设法的例子，这足以体现出该算法在数学史上的重要地位，下面让我们回顾一下这种算法曾经的辉煌。

什么是双假设法？

双假设法，又称双试错法，是一种求解线性关系问题精确解或非线性问题近似解的一般性算法。利用现代数学语言解读，相当于求解线性方程：$ax+b=c$，首先对所求数 x 进行任意两次赋值，不妨分别设为 x_1 和 x_2。此时方程左侧会分别得到两个值：(ax_1+b) 和 (ax_2+b)，它们与原方程右侧 c 的差值分别为：(ax_1+b-c) 和 (ax_2+b-c)，这就是两个试错。然后原方程可通过如下公式求解：

$$x = \frac{x_1 \cdot (ax_2+b-c) - x_2 \cdot (ax_1+b-c)}{(ax_2+b-c) - (ax_1+b-c)}$$

最早的双假设法——"盈不足术"

在世界范围内,双假设法最早出现在中国。这类问题在中国传统数学中被称为"盈不足"问题。通过张家山汉墓出土的《算数书》可知,早在公元前186年,古人已涉及"盈不足"问题,当时被称为"赢不足",汉代张苍等整理《九章算术》时,改称"盈不足",其构成《九章算术》的第七章。

《九章算术》第七章共20题,前半章是"盈不足"问题及求解,即题目条件中有明显的盈、不足关系,然后套用"盈不足术"公式求解。其中的典型题目是"共买物"问题。

以第1题为例:

今有共买物,人出八,盈三;人出七,不足四。问:人数、物价各几何?

意思是,几人合买一物品,每人出8元,多3元;每人出7元,就少4元。问有多少人一起买?物品的价格是多少?

答案是,共7人,物品的价格是53元。

书中给出的算法相当于设每人所出钱数为 A 元,则盈余 a 元;每人所出钱数为 B 元,则还差 b 元,将 A,B,a,b 排成如下矩阵:

$$
\begin{array}{l}
\text{每人出钱} \\
\text{买物数} \\
\text{盈不足数}
\end{array}
\left(
\begin{array}{cc}
A & B \\
1 & 1 \\
a(\text{盈}) & b(\text{不足})
\end{array}
\right)
$$

这个矩阵的意思是,如果只买1件的话,每人出 A 元,还盈余 a 元;每人出 B 元,则还差 b 元。

我们要找到买 1 件物品时"不盈不亏"的出钱方法。因此,我们可以将上面矩阵的第一列都乘以 b,第二列都乘以 a。这个矩阵会变成:

$$
\begin{array}{l}
\text{每人出钱} \\
\text{买物数} \\
\text{盈不足数}
\end{array}
\left(
\begin{array}{cc}
Ab & aB \\
b & a \\
ab(\text{盈}) & ab(\text{不足})
\end{array}
\right)
$$

根据上面的矩阵我们可以知道,第一次交易盈余 ab 元;第二次交易还差 ab 元。如果将两次交易相加,买 $(a+b)$ 个物品,则盈余、不足抵消,即"不盈不亏"。那么,买 1 件物品时,每人应出钱:$\dfrac{Ab+aB}{a+b}$ 元。

最后开始计算人数,方法就是用两次交易总金额的差(第一次交易的金额为物价$+a$,第二次交易的金额为物价$-b$,交易总金额之差为 $a+b$,即盈余与不足之和),除以两次交易每人出钱之差的绝对值,即 $\dfrac{a+b}{|A-B|}$;物价就是用人数乘每人应出钱数,化简后就是 $\dfrac{Ab+aB}{|A-B|}$。

以上就是"盈不足术"的三个公式。回到前面"共买物"这一问题,用书中的方法求解如下:

$$
\begin{pmatrix} 8 & 7 \\ 3 & 4 \end{pmatrix}
\rightarrow
\begin{pmatrix} 8\times4 & 7\times3 \\ 3 & 4 \end{pmatrix}
\rightarrow
\begin{pmatrix} 8\times4+7\times3 \\ 3+4 \end{pmatrix}
\rightarrow
\dfrac{53}{7}\,(\text{每个人应出的钱数})
$$

$$
\text{人数} = \frac{3+4}{8-7} = 7
$$

$$
\text{物价} = \frac{8\times4+7\times3}{8-7} = 53
$$

《九章算术》第七章的后半章是利用"盈不足术"解决一般问题,即题目本身所涉及数据不具备盈、不足关系,通过任意假设二数为答案,代

入原题验算,便会出现盈、不足关系,然后套用公式求解。

例如第 9 题,讲的是在一个容积为 100 升的桶中装有一些米,如果在其中装入粟(谷子)直至装满,春完之后,加上原有的米共有 70 升$\left(1\text{升粟可以春得}\dfrac{3}{5}\text{升米}\right)$,则原来有多少升米?

《九章算术》的作者进行了两次假设,如下表:

序号	假令原有米(升)	添粟春米(升)	得米相课(盈亏)
1	20	$(100-20)\times\dfrac{3}{5}=48$	$(20+48)-70=-2(\text{不足})$
2	30	$(100-30)\times\dfrac{3}{5}=42$	$(30+42)-70=2(\text{盈})$

依据盈不足术:$\begin{array}{c}\text{假令}\\ \text{盈亏}\end{array}\begin{pmatrix}30 & 20\\ 2(\text{盈}) & 2(\text{不足})\end{pmatrix}$,由此可得原来有米:

$\dfrac{30\times2+20\times2}{2+2}=25(\text{升})$。由上可见,中国的数学家们已经将盈不足术视为求解未知数问题的一种一般性方法。"盈不足"问题的流传非常广泛,不仅出现在多部古代数学著作中,甚至在文学作品中也能找到这类问题。

"少小离家老大回"

我国的盈不足术于 9 世纪传入阿拉伯世界,阿拉伯数学家将其命名

为"双试错法"。从寇斯塔·伊本·鲁伽(Qustā ibn Lūqā,820—912)到
15世纪的阿尔·卡西,在许多阿拉伯数学家的著作中都可以找到相关
算法。13世纪初,这个方法通过斐波那契传到了欧洲,随后在欧洲得到
了广泛的传播。在传播的过程中,伴随着其他数学知识的发展,数学家
们对双假设法的认识逐渐深入,例如双假设法不能求解非线性问题的
精确解,尽管如此,该算法还是可以通过线性插值快速求出非线性问题
的近似解。

双假设法的传播路径

李之藻在1613年成书的《同文算指·通编》中首次介绍了克拉维
乌斯的双假设法,将其称为"叠借互征";同时李之藻介绍了程大位《算
法统宗》盈朒(nù,亏损、不足)章中的内容(盈不足问题),并称其为"旧
法"。李之藻发现旧法与西法有极大的相似性,但他也无法明确二者
的关联。

随着时间的流逝,一方面是方程算法作为求解未知数问题的一般
性算法地位逐渐增强;另一方面由于大量出现的非线性问题、多元问
题、不定分析问题,双假设法的地位慢慢下降。最终,双假设法淡出人们
的视线,淹没在历史之中。

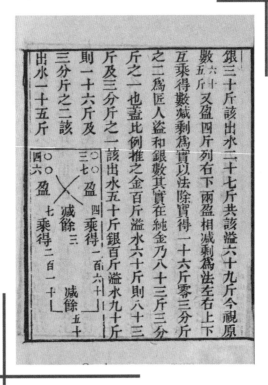

李之藻《同文算指》中"叠借互征"(西法)问题

思考题

1. 唐代高彦休(854—?)撰写的笔记小说集《唐阙史》中记载了一道题：几个盗贼从仓库里偷来若干丝绢。他们说,如果每人分 6 匹,就会剩余 5 匹;如果每人分 7 匹,就会缺少 8 匹。试问：一共有几个盗贼? 丝绢的总数又是多少?

2. 一片草地每天都在均匀地生长青草。如果 15 头牛吃,可以吃 8 周;如果 16 头牛吃,可以吃 6 周。现在 18 头牛吃,可以吃几周(假设每头牛每周的吃草量相同)?

02 | 代数学的源头：

花拉子密与六个方程

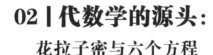

代数是今天中小学数学教学中的重要内容。尽管在许多早期数学文明中或多或少都出现过某些代数学的内容，但是首次明确提出初等代数方程思想且产生巨大影响的数学著作是 9 世纪初阿拉伯数学家花拉子密所著的《代数学》，这也是今天初等代数学的源头。

代数学之父

在阿拉伯帝国拓展版图的过程中，阿拉伯人充满了对知识的好奇，并且非常渴望能够获取知识。阿拔斯王朝第七任哈里发马蒙(Ma'mūn，786—833)是非常注重科学教育的统治者，是促进科学与文化繁荣的典型代表。智慧宫是马蒙执政时期在巴格达修建的一所图书馆兼翻译研究机构，马蒙把从欧洲、印度等地搜集来的古籍珍本运到智慧宫，开启了享誉世界的"百年翻译运动"，这些阿拉伯文译本成为后世阿拉伯学者们研究的基础，大幅推动了阿拉伯世界的科学文化发展。马蒙把大批学者邀请到智慧宫，并为他们进行翻译和科学活动创造优越的条件，这些学者中便包括花拉子密。

花拉子密的全名是穆罕默德·本·穆萨·花拉子密，"花拉子密"表明他来自中亚花剌子模地区，但是并不清楚他的父辈们或是更早的祖先何时来到巴格达,只知道他生活在巴格达且没有去过其他地方。花拉子密出生在 8 世纪末,并在当时学风盛行的巴格达接受教育,阿拔斯王朝第七任哈里发马蒙执政时期(813—833)恰好是他的著作高产期。目前已知花拉子密共有 12 部著作,这些作品题材包括数学、天文学、年代学、地形学和历史。花拉子密的《代数学》标志着初等代数学的诞生,因此花拉子密被称为"代数学之父"。

苏联发行的纪念花拉子密诞辰 1200 周年邮票(1983)

 还原与对消

　　花拉子密《代数学》的原名是《还原与对消之书》(*kitāb al-jabr wa-al-muqābala*),书名中的"al-jabr"意为"还原",花拉子密将其定义为这样一种运算——将方程一侧的一个减去的量转移到方程的另一侧变为加上的量,例如 $5x + 1 = 2 - 3x$,变为 $8x + 1 = 2$,这就是一个"还原"过程。书名中"al-muqābala"的意思是将方程两侧的同类正项消去,例如将 $8x + 1 = 2$ 化为 $8x = 1$,这就是一个"对消"过程。后世的阿拉伯数学家逐渐用"还原"一词来代替"还原与对消",慢慢演化为今天方程化简中的移项与合并同类项。后来阿拉伯代数学传入欧洲,"还原(al-jabr)"一词演变为英文中"代数(algebra)"一词。西方代数学至迟到清初已由传教士传入我国,起初被译为"阿尔热巴拉""阿尔朱巴尔"等。1853 年,我国数学家李善兰与传教士伟烈亚力合作翻译德·摩根(Augustus De Morgan, 1806—1871)的《代数学》时,首次用"代数"两个汉字作为该数学分支的代名词。

六个方程

花拉子密所著《代数学》正文分四部分:一元二次方程理论、商贸问题、几何度量问题、遗产问题。该书最大的贡献在于开始部分,即由根(一次项)、平方(二次项)及数(常数项)组合成的六种标准方程的分类及求解:

① 平方等于根 ($ax^2 = bx$);

② 平方等于数 ($ax^2 = c$);

③ 根等于数 ($bx = c$);

④ 平方与根之和等于数 ($ax^2 + bx = c$);

⑤ 平方与数之和等于根 ($ax^2 + c = bx$);

⑥ 平方等于根与数之和 ($ax^2 = bx + c$);

以上 a, b, $c > 0$。

花拉子密在构造方程时,仅考虑有正根的方程,化简得到的标准形式方程必然为一些正项之和等于另外一些正项之和。事实上,在保证方程存在正根的前提下,上面六种方程与今一元二次方程的标准形式 $ax^2 + bx + c = 0$ (a, b, $c \in \mathbf{R}$) 是等价的。

前三种类型方程解法较简单,花拉子密直接给出了求解方法;对于后三种类型方程,花拉子密首先将二次项系数化为1,然后用文字语言阐明其求根公式,相当于:

$$x^2 = bx + c, \quad x = \frac{b}{2} + \sqrt{\left(\frac{b}{2}\right)^2 + c};$$

$$x^2 + c = bx, \quad x = \frac{b}{2} \pm \sqrt{\left(\frac{b}{2}\right)^2 - c};$$

$$x^2 + bx = c, \quad x = -\frac{b}{2} + \sqrt{\left(\frac{b}{2}\right)^2 + c}.$$

花拉子密还针对每种类型方程求根公式给出了对应的几何证明。例如,第五类方程的例题用符号表示为: $x^2 + 21 = 10x$,这是六种方程中唯一可能有两个正根的情形。如何用几何方法来证明这个根的正确性呢? 花拉子密对其中一个根给出了如下图所示的方法。

首先,用正方形 $ABCD$ 面积表示 x^2 ,矩形 $ABNH$ 的面积表示 21,矩形 $DCNH$ 的面积表示 $10x$, $CN = DH = 10$ 。容易看出, $x^2 + 21 = 10x$ 。

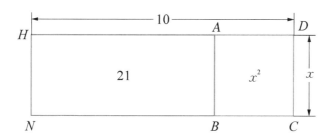

接下来,把 CN , DH 分别平分,相当于把一次项系数 10 平分,其中点分别为 T , G 。

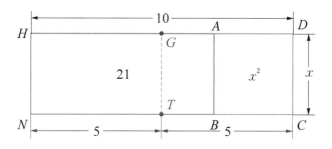

最后,将矩形 $ABTG$ 移至 $HMLR$ 的位置。此时有 $S_{MKTN}-S_{ABNH}=S_{LKGR}$,即 $\left(\dfrac{10}{2}\right)^2-21=\left(\dfrac{10}{2}-x\right)^2$,故 $x=\dfrac{10}{2}-\sqrt{\left(\dfrac{10}{2}\right)^2-21}$。

相当于证明了 $x^2+c=bx$,$(b>0,c>0)$ 的其中一个根的求根公式 $x=\dfrac{b}{2}-\sqrt{\left(\dfrac{b}{2}\right)^2-c}$ 的正确性。

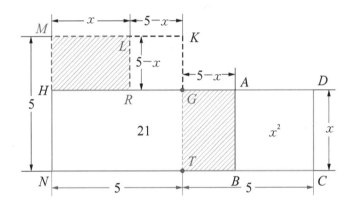

思考题

1. 花拉子密 1200 年前创作的《代数学》中有这样两道题：

（1）将 10 分为两部分，其中一部分除以另一部分得到的商为 4。请你设其中一部分为 x，然后建立方程求解。

（2）将 10 分为两部分，将其中一部分乘另一部分得到 21。请你设其中一部分为 x，然后建立方程求解。

2. 用几何方法求方程 $x^2 + 2x - 35 = 0$ 的正根。

03 | 方程的化简:
中世纪阿拉伯数学家的贡献

通常,在求解未知数时,我们建立的方程并不是标准形式,此时需要利用移项、合并同类项等方法将其化为标准形式,也就是对方程进行化简。例如,初中数学教学中的整式间加减乘除、因式分解等都属于方程化简的范畴。中世纪的阿拉伯数学家们在花拉子密的研究基础上不断探索,做出了巨大的贡献。

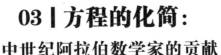

花拉子密的遗产

从花拉子密开始,代数学这门数学分支的体内就蕴含着巨大的能量,也预示着这门学科在不久的将来将呈现出一种爆发式的发展态势。虽然花拉子密的《代数学》大部分是用文字表述的(今天的数学史家们称之为"修辞数学"),但是由于花拉子密用准确、清晰、严谨的语言向大众阐述了他的代数方程思想,以及方程算法巨大的实用价值和官方背景,该书很快便获得了普遍的关注。例如与花拉子密同时代的伊本·吐克(Abd al-Hamid ibn Turk,9 世纪)、稍晚些的塔比·伊本·库拉、阿布·卡米尔(Abū Kāmil, 约 850—约 930)等著名学者都参与到花拉子密《代数学》的深入研究中,全面继承并且发展了花拉子密的代数学思想。

 **幂的扩张**

　　花拉子密在《代数学》中仅给出了数、根和平方的定义,没有定义更高的"立方"及"四次方"等。从现有文献来看,与花拉子密同在智慧宫中的数学家巴努·穆萨(Banū Mūsa,9 世纪)等学者给出了"立方"定义的名称。10 世纪的阿拉伯数学家古斯塔·伊本·鲁伽(Qusta Ibn Lūqā,820—912)将古希腊数学家丢番图(Diophantus,约 3 世纪)的《算术》译为阿拉伯文,其中给出了"立方"表示 x^3、"平方平方"表示 x^4、"平方立方"表示 x^5 和"立方立方"表示 x^6 的定义。

　　丢番图的这种对于四次、五次和六次方的定义在阿拉伯数学史上有着重要的影响,但是其局限性在于,《算术》一书中最大仅出现了六次

方。一般整数指数幂的定义是由凯拉吉(al-Karajī, 953—约1029)给出，他在代表作《法赫里》中相当于给出了：$a^n = a^{n-1} \cdot a$ ($n=1, 2, \cdots, 9$)的定义，由于明确的规律性可以将其扩展到任意正整数指数幂。他同时还利用倒数的概念将其扩展到任意负整数指数幂，但凯拉吉没有定义 $a^0 = 1$ ($a \neq 0$)。

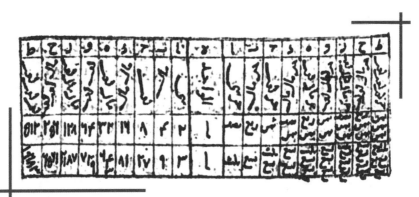

凯拉吉著《法赫里》中的幂指数表(10世纪)

 **整式运算**

有了任意整数指数幂的定义，通过它们的组合便出现了整式。凯拉吉的后继者萨马瓦尔(al-Samaw'al，约1130—约1180)在其代表作《光辉代数》中系统地将加、减、乘、除、比例和开方这几种基本算术方法应用于代数表达式，这使得代数学进一步发展。

首先来看《光辉代数》中整式乘法的运算，例如书中有例题：$2x^2 \cdot 5x^3 = 10x^5$。萨马瓦尔指出，首先将数字进行计算，即$2 \times 5 = 10$，然后利用凯拉吉的幂指数表从x^2向正方向数三列，到达x^5所在列，此即为乘积中幂的名称，故得到最后的乘积$10x^5$。

到了15世纪初，阿尔·卡西在《算术之钥》中首先明确了$a^0 = 1$

$(a \neq 0)$ 这个概念,另外在算法上对于单项式间的基本运算可以全部统一为"序列数"间的算术运算,其中"序列数"在运算中等价于今天的幂指数。例如,对于同底数幂乘法运算,阿尔·卡西的运算法则相当于:$a^m \cdot a^n = a^{m+n}$ $(m, n \in \mathbf{Z}^+)$;除法运算法则相当于:$a^m \div a^n = a^{m-n}$ $(m, n \in \mathbf{Z}^+)$;开方运算法则相当于:$\sqrt[n]{a^m} = a^{\frac{m}{n}} \left(m, n \in \mathbf{Z}^+, \dfrac{m}{n} \in \mathbf{Z}^+ \text{ 时有解,} \right.$

$\left. \dfrac{m}{n} \notin \mathbf{Z}^+ \text{ 时无解} \right)$,这些算法与今天类似。

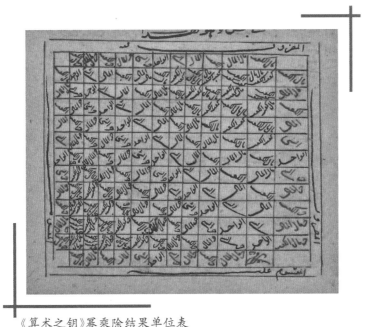

《算术之钥》幂乘除结果单位表

事实上,萨马瓦尔在《光辉代数》中还给出了许多今天数学课本中已经不太常用的整式算法,例如多项式之间的除法运算,其中一道例题为:多项式 $A = 6x^8 + 28x^7 + 6x^6 + 38x^4 + 92x^3 + 20x - (80x^5 + 200x^2)$,除以多项式 $B = 2x^5 + 8x^4 - 20x^2$,结果为 $3x^3 + 2x^2 - 5x + 10 - \dfrac{1}{x}$;多项式开方运算中的一道例题为 $(25x^6 - 30x^5 + 9x^4 - 40x^3 +$

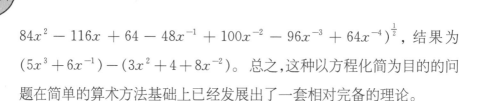

$84x^2 - 116x + 64 - 48x^{-1} + 100x^{-2} - 96x^{-3} + 64x^{-4})^{\frac{1}{2}}$，结果为 $(5x^3 + 6x^{-1}) - (3x^2 + 4 + 8x^{-2})$。总之，这种以方程化简为目的的问题在简单的算术方法基础上已经发展出了一套相对完备的理论。

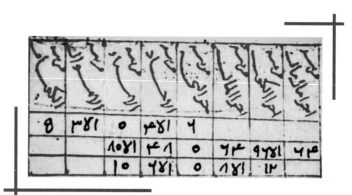

《光辉代数》中算表求解 $(25x^6 - 30x^5 + 9x^4 - 40x^3 + 84x^2 - 116x + 64 - 48x^{-1} + 100x^{-2} - 96x^{-3} + 64x^{-4})^{\frac{1}{2}} = (5x^3 + 6x^{-1}) - (3x^2 + 4 + 8x^{-2})$

12 世纪阿拉伯数学家萨马瓦尔在《光辉代数》中给出了很多整式化简问题,有几个问题用今天的数学符号表示如下,请你计算它们的结果。

1. $(x^{-3}) \cdot (x^{-4}) =$

2. $(3x^{-2}) \cdot (7x^3) =$

3. $(8x^5) \div (4x^2) =$

4. $(16x^{-3}) \div (2x^{-5}) =$

04 | 方程的求解：
代数与几何的碰撞

阿拉伯数学家们通过整式间的运算将方程化为标准形式后，便开始方程的求解，并且在方程的代数解、几何解和数值解三个方向都做出了贡献。今天初中数学教学中的一元二次方程求根公式就属于方程的代数解范畴。

当《代数学》遇见《几何原本》

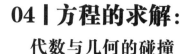

花拉子密的《代数学》问世后，很多阿拉伯数学家便投入这门新的数学分支的学习和讨论中。花拉子密详细论述了一元二次方程的代数解理论，明确给出了标准形式方程的求根公式，但是一元三次方程的代数解公式直至16世纪才由欧洲数学家们取得了突破。尽管如此，阿拉伯数学家们却在高次方程的几何解和数值解领域取得了进展。

花拉子密的《代数学》问世不久，欧几里得的《几何原本》便传入阿拉伯世界。塔比·伊本·库拉在巴格达得到了阿拔斯王朝哈里发穆塔迪德(Caliph al-Mu'tadid，892—902年在位)的庇护和资助，翻译且修订完成了阿拉伯文版的《几何原本》。塔比是第一位将《几何原本》与花拉子密《代数学》进行比较的数学家，用《几何原本》中的命题给出了花拉子密全部六种方程的几何解法。

例如对于方程 $x^2 + c = bx$，塔比利用下图进行几何求解。

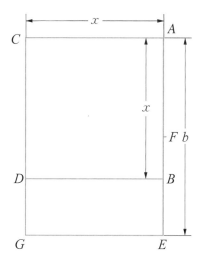

此时，问题相当于已知线段 $AE = b$，矩形面积 $S_{DBEG} = c$，求线段 AB 的长度。其中 $S_{DBEG} = BD \cdot BE = AB \cdot BE = c$，作 AE 中点 F，由《几何原本》命题 $\mathrm{II}.5$[①] 可知：$AB \cdot BE + BF^2 = AF^2$，即 $c + BF^2 = \left(\dfrac{b}{2}\right)^2$，故 BF 可知。其中 $AF = \dfrac{b}{2}$，故 AB 可知。另外点 B 也可以位于 AF 之间，即 $AB = AF \pm BF$，等价于 $x = \dfrac{b}{2} \pm \sqrt{\left(\dfrac{b}{2}\right)^2 - c}$。

花拉子密的求根公式可以求出标准二次方程根的具体量值，上文介绍《代数学》中的几何图形仅仅是证明求根公式正确性的手段，便于读者理解和接受。塔比的方法是一元二次方程的几何解法，本质是利用几何图形对方程的解进行定性描述，过程中体现了严谨的逻辑推理，其正确性的根源在于《几何原本》中不证自明的公理和公设。塔比的工作为后世阿拉伯数学家在代数方程求解领域提供了更宽广的研究视角和更丰富的研究内容。

---

① 《几何原本》命题 $\mathrm{II}.5$：如果把一条线段先分成相等的线段，再分成不相等的线段，那么由两个不相等的线段构成的矩形与两个分点之间一段上的正方形之和等于原线段一半上的正方形。

◇ 三次方程几何解的突破

在一般三次方程几何解领域,首先取得突破性进展的是奥马·海亚姆(Omar Khayyam,1048—1131)。海亚姆不仅是一位伟大的数学家、天文学家,还是一位伟大的诗人,他的四行诗诗集《鲁拜集》美名远扬。1070 年左右,海亚姆完成了《代数论》一书。在仅考虑正根与正系数的前提下,海亚姆首先给出了三次及以下全部 25 种方程的分类。

情 形	类 型	方程(a,b,$c > 0$)	特 点
涉及两项	第 1—6 类	$x = a$ $x^2 = a$ $x^3 = a$ $x^2 = ax$ $x^3 = ax$ $x^3 = ax^2$	只涉及两项
涉及三项	第 7—9 类	$x^2 + ax = b$ $x^2 + b = ax$ $ax + b = x^2$	包括一次项、二次项和常数项
	第 10—12 类	$x^3 + ax^2 = bx$ $x^3 + bx = ax^2$ $ax^2 + bx = x^3$	为第 7—9 类方程的齐次变形
	第 13—15 类	$x^3 + bx = c$ $x^3 + c = bx$ $x^3 = ax + b$	包括一次项、三次项和常数项
	第 16—18 类	$x^3 + ax^2 = b$ $x^3 + b = ax^2$ $x^3 = ax^2 + b$	包括二次项、三次项和常数项

情 形	类 型	方程（a，b，$c>0$）	特 点
涉及四项	第 19—20 类	$x^3 + ax^2 + bx = c$ $x^3 + ax^2 + c = bx$	一项等于三项
	第 21—22 类	$x^3 + bx + c = ax^2$ $ax^2 + bx + c = x^3$	
	第 23—25 类	$x^3 + ax^2 = bx + c$ $x^3 + bx = ax^2 + c$ $x^3 + c = ax^2 + bx$	两项等于两项

最有意思的是,海亚姆用一种非常独特的方式来解决这 25 类方程,这种方式涉及古希腊的数学知识。他画了一些圆锥曲线,然后找到这些曲线的交点。这些交点就是方程的解。这样做并不是真的给出了具体的数字答案,而更像是一种描述这些答案的方法。

尤其是对第 13—25 类方程,他分别利用两条圆锥曲线相交的方法给出其几何解,本质上是利用圆锥曲线交点对方程的解进行定性描述。下面以海亚姆关于第 14 类方程: $x^3+c=bx(b,c>0)$ 的求解为例,将其解题思路利用现代数学符号表述为

$$x^3+c=bx \leftrightarrow \begin{cases} x^3 + AB^2 \cdot BC = AB^2 \cdot x \\[2mm] x^4 + cx = bx^2 \leftrightarrow \dfrac{x^4}{b} + \dfrac{c}{b}x = x^2 \leftrightarrow \dfrac{x^4}{b} = x\left(x - \dfrac{c}{b}\right) \\[2mm] \leftrightarrow \begin{cases} \dfrac{x^4}{b} = y^2 \rightarrow y = \dfrac{1}{\sqrt{b}}x^2 \text{（抛物线）} \\[2mm] y^2 = x\left(x - \dfrac{c}{b}\right) \text{（双曲线）} \end{cases} \end{cases}$$

第三章 代数

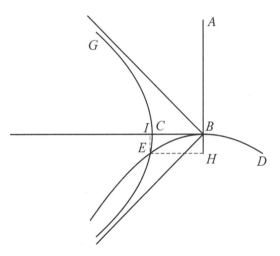

海亚姆求解 $x^3 + c = bx$ 图示[①]

方程数值解的突破

在数学史上,求形如 $\sum_{i=0}^{n} a_i x^{n-i} = 0 (a_0 \neq 0, \, a_i \in \mathbf{Q})$ 的一般一元高次方程解的具体量值,最有效且常用的方法是数值解。初等数学一元高次方程数值解法的主要思路是首先估算方程根的最高位数字,再构造减根变换方程,然后求原方程根的第二位数字,如此继续运算,直至所求精度。

虽然萨马瓦尔掌握了求某数的任意次幂方根的算法,但是在阿拉伯数学史上,首先在一般一元三次方程数值求解领域取得突破性进展的是萨拉夫·丁·图西(Sharaf al-Dīn al-Tūsī,约 1135—1213)。1209年,图西完成了代数学著作《方程》,书中他对于海亚姆的上述方程理论进行了全面的继承与发展,给出了 25 类三次方程的一般性的数值解法。

---

① 图中的两条圆锥曲线,一条是双曲线,另一条是抛物线,交点 E 就是方程的一个根。这种几何方法不能求出根的具体大小,但是可以对根的大小进行定性描述。

例如,图西为了求解 $x^2 + 31x = 112\,992$,首先估算出根的百位数字为 3,然后构造减根变换方程 $y^2 + 631y = 13\,692$,继续估算出根的十位数字为 2,直到得出原方程的根为 321。

图西的工作为后世数学家进行高精度数值求解奠定了基础,15 世纪,阿尔·卡西在计算三角函数时便展现了高超的方程数值解的求解能力。相关内容会在第四章进行具体介绍。

1. 在 12 世纪阿拉伯数学家萨马瓦尔的《光辉代数》中有一道题：设第一个数与第二个数之和为 25，第二个数与第三个数之和为 35，第三个数与第一个数之和为 30，求这三个数的大小（用方程组求解）。

2. 15 世纪初阿拉伯数学家阿尔·卡西的《算术之钥》中有一道遗产继承问题：某人去世后留下 1 220 迪拉姆遗产，他有 3 个儿子要平分遗产，另给朋友遗赠的钱等于每个儿子遗产金额的平方根，请问每个儿子分得多少钱（用方程求解）？

05 | 开　方：
你会手算开方吗?

开方算法在古代数学史中是一种重要的算术运算方法。由于开方运算的特殊性,例如求某正数 a 的平方根,即求 $\sqrt{a}$,也相当于求方程 $x^2 = a$ 的根,因此,开方及其衍生算法逐渐在初等代数学方程数值解领域占有重要地位。中国古代数学家和中世纪的阿拉伯数学家们都非常重视此类问题并取得了很多成果。

《九章算术》中的"开方术"

今天的开方问题,一般仅指求形如 $x^n = A$ $(n \geqslant 2)$ 的方程的根,而求解形如 $a_0 x^n + a_1 x^{n-1} + \cdots + a_{n-1} x + a_n = 0$ 的等式则被称为解方程,但是在中国古代,这两种问题都称之为开方,其开方过程称为"开方除之"。

开方问题是什么时候产生的,已无从考证。中国文献很早就有对开方的记载。约公元前 1 世纪的《周髀算经》中提到,陈子用勾股定理测望到太阳的距离时,采用了开平方的方法,但书中未记载具体算法。《九章算术·少广》中则给出了世界上最早、最完整的开方程序,共有四种:开方术、开圆术、开立方术、开立圆术。它们都是面积、体积问题的逆运算。其中开方术,就是今天的开平方法。开圆术,是已知圆面积求其周长,同样用开方术求解。开立方术,是已知某正方体体积,求其棱长。开立圆术,是已知球体体积求其直径。

 ## 机械的开方程序

下面以《九章算术·少广》中的开方术为例,来了解其中的算法特点。"少广"一章共 24 题,12—18 题介绍开方术,下面以第 12 题为例:

今有正方形面积 55 225 平方步。

问:其边长是多少?

答:边长为 235 步。

本题相当于解方程 $x^2 = 55\,225$。 当时是用算筹摆成商(结果)、实(常数项)、法(一次项系数)、借四行来演示其运算过程,这里我们用阿拉伯数字代替古代筹算数字演示其运算过程,前几步如下:

商				商				商	2	00		商	2	00
实	5	52	25	实	5	52	25	实	5	52	25	实	5	52	25
法				法				法				法	2	00	00
借				借	1	00	00	借	1	00	00	借	1	00	00

若用现代数学符号,整个开方思路相当于:设 $x^2 = 55\,225$,首先对 $55\,225$ 的平方根进行估根,其整数位必为三位,议得最高位估算值为 200,则可令 $x = x_1 + 200$,代入有 $(x_1 + 200)^2 = 55\,225$,整理得 $x_1^2 + 400x_1 = 15\,225$。议得第二位估算值为 30,则可令 $x_1 = x_2 + 30$,代入上式有 $(x_2 + 30)^2 + 400(x_2 + 30) = 15\,225$,整理得 $x_2^2 + 460x_2 = 2\,325$。接下来重复上述过程。再议得第三位估算值为 5,则可令 $x_2 = x_3 + 5$,代入上式有 $(x_3 + 5)^2 + 460(x_3 + 5) = 2\,325$,整理得 $x_3 = 0$。可知 $x = \sqrt{55\,225} = 235$(步)。

此外,在《九章算术》中也涉及形如 $x^2 + bx = c$ $(b \geqslant 0,\ c \geqslant 0)$ 的方程数值解算法。因为上述开方术的开方过程便相当于求方程 $x^2 + bx = c$ $(b \geqslant 0,\ c \geqslant 0)$ 的正根。

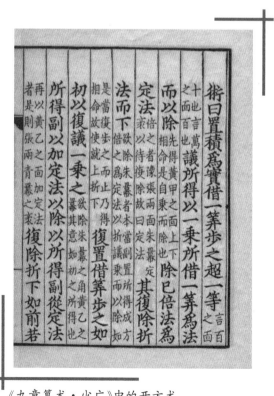

《九章算术·少广》中的开方术

开方术的发展

《九章算术》还对开方中可能遇到的几种特殊情况给出了处理方法：当开方不尽时，《九章算术》称其为不可开，"当以面命之"。此处的"面"指 $\sqrt{A}$，当 A 可开时，$\sqrt{A}$ 就是有理数；当 A 不可开时，$\sqrt{A}$ 实际上就是一个无理数。此外，书中还给出了分数开方算法。

后来，刘徽在《九章算术注》中对原有开平方算法给出了两个重要补充，其一是给出了开平方算法的几何解释；其二是在注释中给出了"求其微数"的思想。在刘徽之前，人们会用 $a+\dfrac{A-a^2}{2a+1}$ 或 $a+\dfrac{A-a^2}{2a}$ 表示 $\sqrt{A}$ 的近似值。刘徽认为它们都不准确，从而创造了继续开方，即"求其微数"的方法，本质上是以十进分数逼近无理方根。

阿拉伯开方算法的特色

虽然阿拉伯数学在 9 世纪初才开始起步，但阿拉伯数学家们在算术和代数领域发展较快。例如乌格里迪西就在其书中对于开平方运算给出过与《九章算术》相同的近似算法，即若 $N=a^2+r$，则有 $\sqrt{N}=a+\dfrac{r}{2a+1}$；阿尔·巴格达蒂（al-Baghdadi，约 980—1037）将此近似算法应用于开立方运算，即若：$N=a^3+r$，则有：$\sqrt[3]{N}=a+\dfrac{r}{3a^2+3a+1}$。随后，海亚姆和萨马瓦尔给出了一般高次开方算法，与中国的开平方、开立方算法类似，阿拉伯数学家们的开方过程也是一张张分离的算表。有趣的是，15 世纪初阿尔·卡西在《算术之钥》中给出了许多整合在一起的开方算表，这显然更适用于纸笔运算且利于检验。

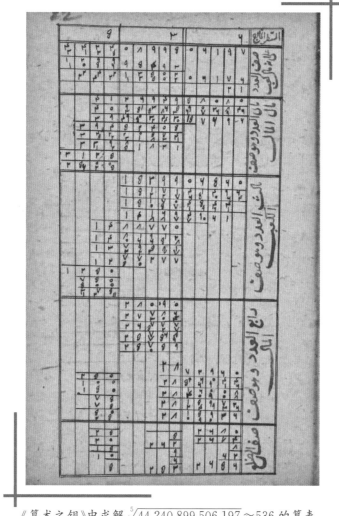

《算术之钥》中求解 $\sqrt[5]{44\,240\,899\,506\,197} \approx 536$ 的算表

古算今用

　　我们可以将中国古代开平方术整理成下面更适合今天笔算的步骤：

1 将被开方数的整数部分从个位起向左每两位数字断开，分割成若干部分，有几部分就表示所求平方根有几位数。例如，55225 写成 5 52 25。

2 根据最左侧第一部分的数，去计算平方根的最高位数字。$2^2=4$, $3^2=9$，如果填 3 就超过了 5，所以首位数字填 2。

3 从第一部分的数 5 中减去最高位上的数字 2 的平方 4，差为 1，在 1 的右侧写上第二部分的两位数 52，组成第一个余数 152。

	2	3	5
√	5	52	25
	4		
	1	52	
	1	29	
		23	25
		23	25
		0	

4 把求得的最高位数字 2 乘固定值 20，去试除第一个余数 152。152÷40 所得最大整数商为 3，此时 3 被称为试商。

5 用商的最高位数字 2 的 20 倍加上这个试商 3，所得和为 $2×20+3=43$。用这个和乘试商 3，得到 $43×3=129$。若所得积小于等于余数，试商就是平方根的第二位数，如果所得的积大于余数，就把试商减小再试。

6 用同样的方法继续求平方根的其他各位上的数：
$23×20=460$，
2325÷460 商为 5，
$(460+5)×5=2325$。

7 此处正好余数为 0，计算结束。对于开方开不尽的数，根据精度要求计算出近似值即可。

利用中国古代开平方数中的算法,进行下列开平方计算。

1. 将 2 进行开平方运算,结果精确到小数点后第二位。

2. 将 5 进行开平方运算,结果精确到小数点后第二位。

06 | 算术三角形:

图形化的二项式系数

下面这个由数字排列起来的三角形,通常被称为"算术三角形"。它有很多有趣的性质,例如,这个三角形两侧的数字均为1,中间每一个数字都是它肩上两个数字之和。

算术三角形

凯拉吉三角

在世界范围内,算术三角形首先出现在 10 世纪阿拉伯数学家凯拉吉的数学著作中,虽然该书已经遗失,但幸运的是,相关内容被保存于 13 世纪萨马瓦尔的《光辉代数》一书中。

كعب كعب كعب كعب	مال كعب كعب كعب	مال مال كعب كعب	كعب كعب كعب	مال كعب كعب	مال مال كعب	كعب كعب	مال كعب	مال مال	كعب	مال	شيء
١	١	١	١	١	١	١	١	١	١	١	١
١٢	١١	١٠	٩	٨	٧	٦	٥	٤	٣	٢	١
٦٦	٥٥	٤٥	٣٦	٢٨	٢١	١٥	١٠	٦	٣	١	
٢٢٠	١٦٥	١٢٠	٨٤	٥٦	٣٥	٢٠	١٠	٤	١		
٤٩٥	٣٣٠	٢١٠	١٢٦	٧٠	٣٥	١٥	٥	١			
٧٩٢	٤٦٢	٢٥٢	١٢٦	٥٦	٢١	٦	١				
٩٢٤	٤٦٢	٢١٠	٨٤	٢٨	٧	١					
٧٩٢	٣٣٠	١٢٠	٣٦	٨	١						
٤٩٥	١٦٥	٤٥	٩	١							
٢٢٠	٥٥	١٠	١								
٦٦	١١	١									
١٢	١										
١											

凯拉吉三角

　　萨马瓦尔著《光辉代数》中转引凯拉吉书中的"算术三角形",第一行从右往左分别是根、平方、立方、三次方、四次方……直到十二次方,表中的数字为东阿拉伯数字。

　　凯拉吉解释了算术三角形的构造特点。首先,在数表的右侧一上一下写出两个数字1,可以视为多项式 $(a+b)$ 的两个系数。随后将第一列上面的 1 移至第二列第一个数字位置,将第一列两个数字 1 相加得到 2 写在第二列数字 1 的下方,随后在 2 的下方再添上数字 1,此时第二列得到 1,2,1,可以视为 $(a+b)^2$ 展开式 $a^2+2ab+b^2$ 的三个系数。随后将第二列上面的 1 移至第三列第一个数字位置,将第二列前两个数字 1 和 2 相加得到 3 写在第三列数字 1 的下方,将第二列后两个数字 2 和 1 相加得到 3 写在第三列数字 3 的下方,随后在 3 的下方再添上数字 1,此时第三列得到 1,3,3,1,可以视为 $(a+b)^3$ 展开式 $a^3+3a^2b+3ab^2+b^3$ 的四个系数,后面算术三角形系数的构造同理。后世阿拉伯数学家们很快掌握了相关内容,并主要利用其中的"随乘随加"算法进行高次开方或求高次方程的数值解。例如,阿尔·卡西便在

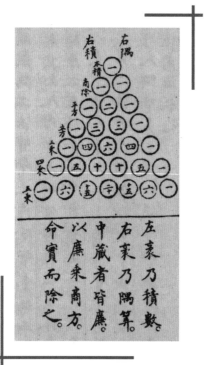

杨辉《详解九章算法》所载"贾宪三角"

《算术之钥》中利用"凯拉吉三角"进行高次开方。

 ## 贾宪三角

中国古代数学家对算术三角形也有研究。中国最早给出算术三角形的是宋代数学家贾宪(约11世纪)。贾宪在《黄帝九章算术细草》(约1050)中给出了著名的"开方作法本源"图(即算术三角形)。由于原著已经遗失,但是相关内容被13世纪数学家杨辉的《详解九章算法》(1261)所引用,因此在我国,算术三角形也被称为"贾宪三角"或"杨辉三角"。贾宪所给"开方作法本源"图下面有五句话,说明了贾宪三角的构成及部分使用方法:

左衺乃积数,右衺乃隅算,中藏者皆廉,以廉乘商方,命实而除之。

贾宪是利用"增乘求廉"的方法构造出算术三角形的,如下图所示,将隅算1自下而上增入前位,直到首位为止就得第一位数字(上廉);求其他各位数字,自下而上重复刚才的程序,每次低一位为止。其本质与前面凯拉吉的算法相同。接下来,贾宪在中国数学史上开创了两种高次开方的算法——立成释锁开方法和增乘开方法,前者是直接利用算术三角形中的系数进行高次开方,后者是利用"随乘随加"的

机械运算进行开方。另外,我国宋元数学高峰时的许多成就,诸如天元术、四元术、大衍总数术、正负开方术、垛积术等都与"贾宪三角"有着密切的联系。从某种程度上可以说,贾宪的数学工作开创了宋元数学高峰。

1	6(＝1＋5)	6	6	6	6
1	5(＝1＋4)	15(＝10＋5)止	15	15	15
1	4(＝1＋3)	10(＝6＋4)	20(＝10＋10)止	20	20
1	3(＝1＋2)	6(＝3＋3)	10(＝4＋6)	15(＝5＋10)止	15
1	2(＝1＋1)	3(＝1＋2)	4(＝1＋3)	5(＝1＋4)	6(＝1＋5)止
1	1	1	1	1	1

贾宪"增乘方法求廉草"示意图[1]

后来元代数学家朱世杰(1249—1314)的《四元玉鉴》(1303)载有"古法七乘方图",比贾宪三角多两层且加了斜线。明代吴敬《九章算法比类大全》亦载有添加了斜线的五层图。明代王文素(15世纪下半叶—16世纪初)将前人按照等腰三角形形状排列的系数三角形改为按照直角三角形排列,取名"开方本源图",载于其《算学宝鉴》(1524)中。

---

[1]　最右列为贾宪三角第七行数字。

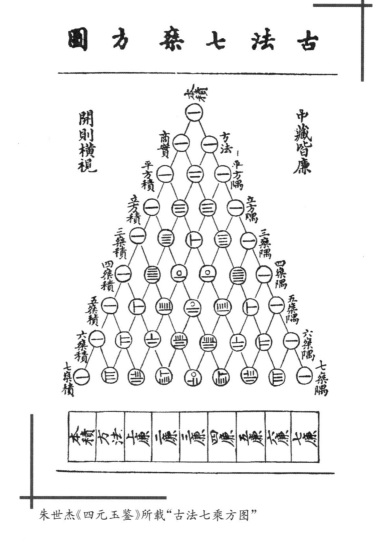

朱世杰《四元玉鉴》所载"古法七乘方图"

帕斯卡三角

　　随着阿拉伯数学传入欧洲,算术三角形也出现在欧洲数学著作中。它最早出现在 13 世纪德国数学家约丹努斯(Jordanus de Nemore,1225—1260)的书中。到帕斯卡之前,至少还有十余位欧洲数学家研究过算术三角形,其蕴含的奥秘也逐渐被揭示出来。1654 年,法国数学家

帕斯卡在其发表的《论算术三角形》中指出，算术三角形可以解决二项式展开式、组合理论、概率论等问题。从 18 世纪开始，欧洲人将算术三角形命名为"帕斯卡三角形"。

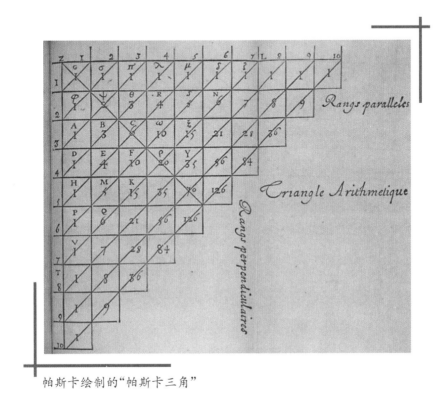

帕斯卡绘制的"帕斯卡三角"

1. 将三项式 $(x^2 + x + 1)^n$ 展开：

    当 $n = 0$ 时，$(x^2 + x + 1)^0 = 1$

    当 $n = 1$ 时，$(x^2 + x + 1)^1 = x^2 + x + 1$

    当 $n = 2$ 时，$(x^2 + x + 1)^2 = $ _____

    当 $n = 3$ 时，$(x^2 + x + 1)^3 = x^6 + 3x^5 + 6x^4 + 7x^3 + 6x^2 + 3x + 1$

    请你将上面空白的部分补充完整。

2. 观察上题多项式系数之间的关系，仿照文中"算术三角形"，构造一个"广义算术三角形"，如下所示，将空缺的数字补充完整：

第0行   1

第1行   1   1   1

第2行   ___ ___ ___ ___ ___

第3行   1   3   6   7   6   3   1

第4行   ___ ___ ___ ___ ___ ___ ___ ___ ___

07 | 一元三次方程的代数解：
解方程也能引发一场争斗？

从 12 世纪开始，中世纪阿拉伯数学家们的研究成果陆续传入欧洲。伴随着文艺复兴运动的展开，欧洲数学家们消化吸收了这些内容，并于 16 世纪初在一元三次方程代数解方面取得突破，将这一阶段的数学研究推向高潮。这也标志着欧洲数学继阿拉伯数学之后的首次实质性的进步。

文明的使者——斐波那契

在欧洲黑暗的中世纪时期即将过去时，第一位有影响力的数学家是意大利的斐波那契。他的父亲从 1192 年起担任比萨在贝贾亚（今属阿尔及利亚）的商业殖民地长官，因此他有机会接触到阿拉伯学者，并且到埃及、叙利亚、西西里岛、法国南部旅行。当回到比萨时，他完成了五本关于算术、代数和几何的作品。斐波那契最著名的数学代表作是《计算之书》，该书的

第一版是用拉丁文书写的,出版于 1202 年,再版于 1228 年。《计算之书》的内容主要来源于斐波那契多次游历过的阿拉伯世界,而且他用自己的才华扩充和编排了所搜集的资料,可以说这是一部百科书式的数学著作。

《计算之书》共计十五章,其中最后一章便是花拉子密创立的代数学理论。斐波那契在原书第 406 页边注中提到穆罕默德(Maumeht),以明确表示二次方程的代数解法出自花拉子密。从 12 世纪开始,欧洲科学奋斗的原点就在于消化吸收并超越斐波那契等学者的著作。

会计学之父——帕乔利

发生在 14—16 世纪的文艺复兴运动反映了欧洲新兴资产阶级的思想文化要求,人们开始用新的方式思考和创作。在文艺复兴的高潮中,数学变得尤为重要,因为人们认识到了它在认识自然和探索真理方面的重要意义。因此,在科技、艺术、建筑、经贸、教育、思想等众多领域都出现了数学的身影。

帕乔利(Luca Pacioli,1445—1517)是这一时期的代表性数学家,他出生于意大利北部的一个中下阶层家庭,早年由于家庭贫困,只能上教会学校。帕乔利通过做学徒和跟随一些大师学习,在算术、几何、商业学等方面打下了坚实的基础。1494 年,帕乔利完成巨著《算术、几何、比及比例概要》(简称《数学大全》)并在威尼斯出版,这是欧洲最早一批用古腾堡印刷机印刷的书籍之一,也是当时意大利发行量最大的数学著作。《数学大全》共十章,内容包括实用算术、代数基础、更加规范的印度-阿拉伯记数法、以印刷形式给出的手指记数图示、以词语缩写或首字母形式表示的数学符号、欧几里得几何学概述、高次方程求解问题,以及意大利各地使用的币值、重量单位和度量表,几乎包括了当时算术、代数和三角学中的所有知识。除此之外,该书第九章"簿记论"所论述的复式簿记方法使帕乔利获得了"会计学之父"的称号。

《帕乔利肖像》(德巴尔巴里,1495),
现藏于那不勒斯卡波迪蒙特博物馆

一战成名的塔塔利亚

关于代数学,帕乔利在《数学大全》中写道:"迄今,三次和四次方程仍无一般求解公式。"于是,对于当时的人们来说,求解上述问题成为一次智力大挑战。1501 年,帕乔利在博洛尼亚大学任教。在这里,他遇到了同样在此教授数学的年轻教师希皮奥内·德尔·费罗(Scipione del Ferro,1465—1526)。费罗很可能在帕乔利的激励下开始尝试去探索一元三次方程的求根公式。约 1515 年,费罗成功求解了形如 $ax^3 + bx = c$ (a,b,$c > 0$) 的一般三次方程。费罗并没有公布这一重大成果,只是

把他的解法告诉了他的学生菲奥雷(Antonio Maria Fiore, 15—16 世纪),而此时其他的数学家们还在苦苦探索这一问题。费罗死后,菲奥雷没有急于发表上述成果。1535 年,菲奥雷听说数学家尼科洛·塔塔利亚(Niccolo Tartaglia, 1499—1557)成功地解出了一元三次方程,于是菲奥雷与塔塔利亚进行了一次公开的解题大赛。比赛的规则是,双方各给对方出 30 道题,由对方用 10 天来求解将答案递交给公证人,输家要宴请赢家 30 次。1535 年 2 月 13 日,对抗赛如期举行,菲奥雷所出的 30 道题都属于 $ax^3+bx=c$ 类型,而塔塔利亚所出题目包括 $ax^3+bx^2=c$ 和 $ax^3=bx+c$ 类型方程。比赛的结果是塔塔利亚能够解出菲奥雷的所有问题,但是菲奥雷却解不出塔塔利亚提出的任何一个问题。塔塔利亚因此一战成名,但他也没有立即公布方法,因为他想撰写一部论述这一问题的专著。

∂ 备受争议的卡尔达诺

塔塔利亚战胜菲奥雷的消息引起了卡尔达诺(Gerolamo Cardano, 1501—1576)的注意。卡尔达诺是16世纪最杰出、最备受争议的人物之一,他有很多不同的身份:医生、数学家、哲学家、占星家,甚至还是个赌徒。当时,卡尔达诺正在撰写一本数学专著,他很想把一元三次方程的代数解法写进去,因此他试图去从塔塔利亚那里套出这个秘密。1539年1月至3月,卡尔达诺

卡尔达诺

和塔塔利亚有过数次通信,并逐步获取了塔塔利亚的信任。1539年3月25日,塔塔利亚终于同意以一首晦涩的25行诗文将他的解法透露给卡尔达诺,并且让卡尔达诺发誓绝不泄露这个秘密。或许卡尔达诺从一开始就没想着信守承诺,1545年,卡尔达诺在德国纽伦堡出版了一部关于代数学的拉丁文著作《大术》,书内便收录了三次方程的求根公式。至此,一元三次方程的解法终于公之于众。斐波那契的《计算之书》、帕乔利的《数学大全》与卡尔达诺的《大术》并称文艺复兴时期意大利的三大数学名著。

在上面的故事中还有一个重要角色——洛多维科·费拉里(Ludovico Ferrari,1522—1565)。1536年,卡尔达诺雇用了当时只有14岁的男孩费拉里作为仆人。费拉里非常聪明,会阅读和书写,因此很快就成为卡尔达诺的私人秘书。卡尔达诺在研究三次方程的过程中一定与这

位年轻的秘书分享过自己的探索过程,1540 年,费拉里发现了一般四次方程的公式解,卡尔达诺将其编入《大术》中。

16 世纪的欧洲数学家们征服了三次和四次方程,这也标志着欧洲人真正接过阿拉伯人传过来的数学接力棒。欧洲数学家们经过不懈的努力,于 19 世纪初最终证明了一般五次方程没有代数解,开启了近世代数的研究。

1. 13世纪意大利数学家斐波那契在其代表作《计算之书》中记载了一道著名的"兔子数列"问题：假定一雌一雄1对小兔在经过1个月之后长成大兔,在第3个月就生出一雌一雄的1对小兔,而这对小兔在出生后的第3个月同样生出1对小兔,并以此类推,问从1对刚出生的小兔子开始,一年之后(即第13个月)能繁殖成多少对兔子?(注：假定兔子不会死亡,而且成熟后必须连续生育。本题每个月兔子的对数构成的数列,就是著名的斐波那契数列。)

2. 请你在算术三角形中找出隐藏的斐波那契数列。

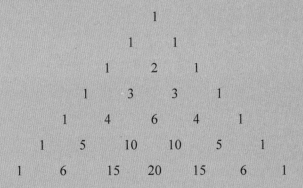

第四章
三角学

三角学是以研究平面三角形和球面三角形的边和角的关系为基础，以达到测量上的应用为目的的一门科学，同时它还研究三角函数的性质及其应用。

在数学史上，三角学的概念和理论起源于人类了解和认识天文现象和规律的尝试。古希腊学者由于天文学研究的需要确定了三角形边和角的精确关系，标志着这门学科的兴起。之后，古希腊三角学传入古印度并有所发展。8 世纪末，由于天文观测和制定历法的需要，阿拉伯学者先后继承了古印度和古希腊天文学传统。除了要解决天文学问题，还有日常生活中祷告方向、大地测量、航海定位等问题的需求，阿拉伯学者们对三角学问题十分关注并在此领域持续不懈地探索。13 世纪下半叶，阿拉伯学者纳西尔丁·图西（Nasīr al-Dīn al-Tūsī, 1201—1274）将三角学从天文学中独立出来，作为数学的一个分支，这是三角学发展史上的重大突破。阿拉伯人取得的三角学成果传入欧洲，为文艺复兴后欧洲数学的崛起奠定了良好的基础。欧洲数学家深化和完善了三角学，进一步扩大了研究范围。

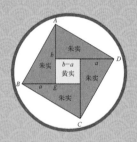

01 | 勾股定理：
拥有五百多种证明方法

相信很多读者都知道勾股定理的内容：如果将 a, b, c 分别记为直角三角形的两条直角边与斜边的长，则有 $a^2 + b^2 = c^2$。中国古代将直角三角形中短的直角边称为勾，长的直角边称为股，斜边称为弦，则勾股定理为：勾^2 + 股^2 = 弦^2，这也是"勾股定理"名称的由来。在古代，勾股定理被广泛用于土地测量、建筑和天文学等领域。

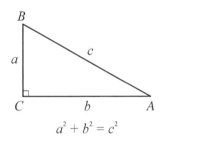
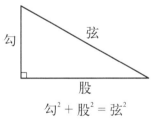

$$a^2 + b^2 = c^2$$

勾^2 + 股^2 = 弦^2

直角三角形中的勾股定理

普林顿 322

现代考古研究表明，早在美索不达米亚文明时期，人们就已经发现了勾股定理。"普林顿 322"是一块制作于公元前 1900 年到公元前 1600 年间的泥板，现仅存右半部分，目前收藏于美国哥伦比亚大学。泥板上用古巴比伦楔形数字记录着一张数表，记有 4 列 15 行六十进制的数字。

起初,它被认为是一张商业账目表,直到 1945 年,有学者尝试从数学的角度解读其意义。

直角三角形直角边长	直角三角形直角边长	直角三角形斜边长	序列号
120	119	169	1
3456	3367	4825（11521）	2
4800	4601	6649	3
13500	12709	18541	4
72	65	97	5
360	319	481	6
2700	2291	3541	7
960	799	1249	8
600	481（541）	769	9
6480	4961	8161	10
60	45	75	11
2400	1679	2929	12
240	161（25921）	289	13
2700	1771	3229	14
90	56	106（53）	15

缺失的数据　　　普林顿322泥板中的数据

"普林顿 322"泥板

由于 $3^2 + 4^2 = 5^2$,也就是说整数 3、4、5 满足勾股定理的形式,因此我们可将它们视为一个直角三角形的三边长并称其为一组勾股数。有学者指出,普林顿 322 恰是一张勾股数表,除去序号列,剩余两列数字恰好是长为整数的直角三角形的斜边和一条直角边长度,例如第一行数字满足 $120^2 + 119^2 = 169^2$。其中只有四处例外,专家认为是笔误所致。这或许可以作为目前已知人类最早知晓勾股定理的证据。考虑到古巴比伦时代的知识水平,这绝对是一项让人惊叹的数学成果!

 ## 毕达哥拉斯定理

在西方世界,人们把勾股定理的发现归功于公元前 6 世纪的古希腊数学家毕达哥拉斯。出生于小亚细亚萨摩斯岛的毕达哥拉斯年轻时曾游历埃及和巴比伦,回到希腊后定居今意大利东南沿海的克罗托内,在那里创建了毕达哥拉斯学派。毕达哥拉斯是第一个注重"数"的人,他发现了勾股定理,证明了正多面体的个数,开创了演绎逻辑思想,对数学的发展影响很大。

$$a^2+b^2=c^2$$

据传,毕达哥拉斯发现勾股定理之后,学派门人曾宰牛百头,祭神庆祝,后来几乎所有的西方文献都给这条定理冠上了毕达哥拉斯的名字,称之为"毕达哥拉斯定理"。然而,毕达哥拉斯本人对勾股定理的证明并没有任何确切的记载流传下来,希腊数学史上有明确记载的勾股定理证明最早出现在欧几里得的《几何原本》中。

《几何原本》命题Ⅰ.47

《几何原本》第Ⅰ卷最后两个命题正是勾股定理(命题Ⅰ.47)和勾股定理的逆定理(命题Ⅰ.48)[①]。欧几里得将勾股定理及其逆定理安排在《几何原本》第Ⅰ卷"平面几何基础"部分的最后位置,足以看出勾股定理及其逆定理的重要地位。

我们来看一下欧几里得关于勾股定理的证明过程。如图所示,用现代数学语言表述如下。

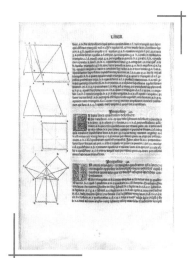

《几何原本》第Ⅰ卷中的勾股定理(坎帕努斯版,1482)

---

① 勾股定理的逆定理指:如果三角形的三条边长 a , b , c 满足 $a^2+b^2=c^2$,那么这个三角形是直角三角形。

已知：在三角形 ABC 中，$\angle BAC = 90°$。

求证：以 BC 为边的正方形面积等于以 BA、AC 为边的正方形面积的和。

欧几里得的证明过程恰好体现了《几何原本》一书的两个特点。首先保证"存在"，然后再究其"性质"，其中尺规作图是保证图形存在的重要手段。欧几里得的作图过程大致如下：

① 以 AB、AC、BC 为边，作正方形 $ABFG$、$ACKH$、$BCED$；

② 过点 A 作 $AL // BD$；

③ 连接 AD、FC。

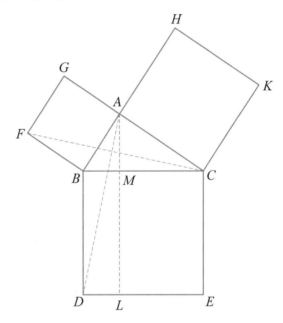

《几何原本》命题 $\mathrm{I}.47$ 附图

证明过程大致如下：

(1) 证明三角形 ABD 与三角形 FBC 全等(两边和它们的夹角对应相等)；

（2）因为矩形 BL 的面积＝2× 三角形 ABD 的面积（等底等高），同理正方形 GB 的面积＝2× 三角形 FBC 的面积，所以矩形 BL 的面积＝正方形 GB 的面积；同理可得矩形 CL 的面积＝正方形 AK 的面积；

（3）故有矩形 BL 的面积＋矩形 CL 的面积＝正方形 GB 的面积＋正方形 AK 的面积。最后可得正方形 GB 的面积＋正方形 AK 的面积＝正方形 CD 的面积。

2 300 年前的这个证明是不是有些烦琐呢？事实上，欧几里得的上述证明过程需要利用《几何原本》第 I 卷 23 条定义、5 条公理、5 条公设和前面 46 个命题，这体现了作者"虽浅必书"的严谨的治学态度。千百年来，中外几乎所有伟大的学者都学习过《几何原本》，所以其中的奥妙还需要大家慢慢体会。

∂ 东方智慧

在我国，勾股定理的发现最早可以追溯到西汉时期成书的《周髀算经》，这是一部涉及数学、天文知识的著作，其中的部分内容甚至可以远溯至公元前 11 世纪的西周时期。在《周髀算经》上记载了周公与大夫商高讨论勾股测量的一段对话。周公问商高：天没有阶梯可以攀登，地没有

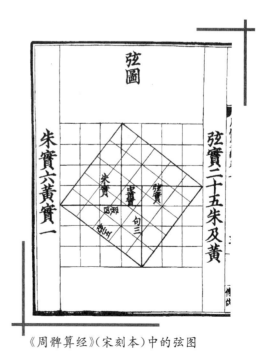

《周髀算经》（宋刻本）中的弦图

尺子可以度量,请问如何求得天之高、地之广呢?商高说,可以按照勾三股四弦五的比例计算。书中虽以文字形式叙述了勾股算法,但并未给出证明。我国证明勾股的第一人是生活于约3世纪的吴国人赵爽。

赵爽学识渊博,熟读《周髀算经》并为其撰序作注。他撰写的"勾股圆方图"说,附于《周髀算经》的注文中,全文有530余字,附图6张,阐理透彻。其中第一幅图为"弦图",由四个红色的三角形(图中标示"朱实",古语"朱"即红色,"实"指面积)拼成的一个大正方形,中间围着一个黄色的小正方形(标示"黄实")。"勾股圆方图"开门见山第一句就是"勾股各自乘,并之为弦实,开方除之,即弦",这正是勾股定理的一般形式。

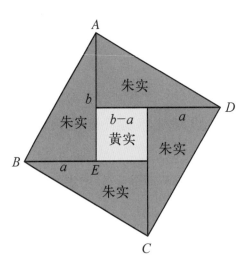

《周髀算经》中描述
"勾股定理"证明的"弦图"

接着,赵爽解释了他的弦图,勾股相乘(ab)等于两个红色三角形的面积,其二倍($2ab$)等于四个红色三角形的面积。勾股之差($b-a$)自乘,$(b-a)^2$等于中间黄色小正方形的面积,与前面四个红色三角形拼在一起等于以弦为边的大正方形的面积,相当于$2ab+(b-a)^2=c^2$。

另外,赵爽通过如下图所示的面积"出入相补法"来论证$a^2+b^2=2ab+(b-a)^2$。"出入相补法"就平面的情况而言可以理解为:

一个平面图形从一处移至他处,面积不变;又若把图形分割为若干块,那么各部分面积的总和等于原来图形的面积。

它在平面图形的分割以及移置原则上是任意的,不受条件的限制。其图形的面积关系具有简单的相等关系,无需经过烦琐的逻辑推导,直观性较强,便于读者理解和接受。这样就得到了 $a^2+b^2=c^2$,也就证明了勾股定理,显示了中国古代数学家的智慧与成就。

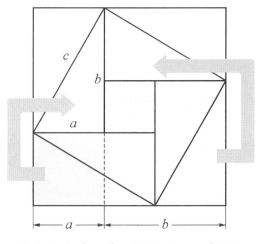

赵爽证明 $a^2+b^2=2ab+(b-a)^2$ 图示

　　据统计,历史上不同年代、不同国别的不同人士曾先后给出过五百多种勾股定理的证明方法。一条数学定理,能够受到如此持久广泛的关注并且拥有如此之多的证法,这既说明了它的数学意义,同时反映了它的文化价值。

 **思考题**

1. 某直角三角形的两条直角边长分别为 a 和 b，斜边长为 c，此时 a、b、c 被称为一组勾股数。请将下面的表格补充完整：

a	b	c
3	4	5
5	12	
	15	17
7		25
	40	41

2. 美国第 20 任总统加菲尔德（James Abram Garfield，1831—1881）曾在杂志上发表过一个勾股定理的证法。如图所示，已知直角三角形 AHB，延长 HB 到点 D，使 $BD=AH$，过点 D 作 $DC /\!/ AH$，且 $DC=BH$，连接 BC、AC。请问：加菲尔德是如何证明勾股定理的？（提示：利用梯形 $CDHA$ 的面积＝三角形 ACB 的面积＋2×三角形 AHB 的面积。）

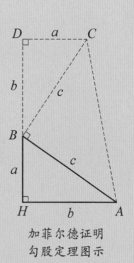

加菲尔德证明
勾股定理图示

02 | 正 弦 表：
从天文学到三角学

目前我国初等三角学的教学主要包括：三角恒等式、解三角形和三角函数，这些内容分布在小学、初中和高中多个学段。

什么是"正弦"？正弦（sine）函数是三角函数的一种。在任意直角三角形中，锐角∠A 的对边与斜边的比，叫作∠A 的正弦，记作 sin∠A。

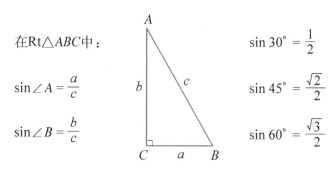

在Rt△ABC中：

$$\sin\angle A = \frac{a}{c}$$

$$\sin\angle B = \frac{b}{c}$$

$$\sin 30° = \frac{1}{2}$$

$$\sin 45° = \frac{\sqrt{2}}{2}$$

$$\sin 60° = \frac{\sqrt{3}}{2}$$

正弦定义及特殊角正弦值

如果以二维直角坐标系的原点为中心，画出一个半径为 1 的圆，将圆的半径从 x 轴旋转 θ 度，从半径与圆弧相交的点作一条线垂直于 x 轴，这条垂线的长度就是正弦。

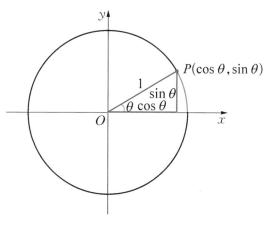

托勒密的《天文学大成》

早期的古希腊天文学家们曾进行过大量的天文观测活动,例如阿里斯塔克(Aristarchus of Samos,约前 310—约前 230)在其著作《论太阳和月球的大小与距离》一书中,应用几何学知识在历史上第一次测量太阳、月亮和地球之间的距离,进而推算日地半径之比和地月半径之比。阿里斯塔克开创了人类用科学的方法来研究天体大小和天体间距离的先河,证明了天体并不是神秘莫测的,而是符合规律的客观物体。

在天文观测的活动中,人们积累了大量的三角学知识,数学史家通常认为三角学出现的标志性人物是古希腊天文学家、数学家喜帕恰斯(Hipparchus,约前 190—前 125)。喜帕恰斯在爱琴海的罗得岛度过了大半生,建造了天文台并长期从事天文观测。他发现了"岁差①",绘制了一张包括 850 颗恒星的星图,首先引入了坐标系统,并开始编制一些

① 春分点沿黄道向西缓慢运行(速度每年 50.2″,约 25 800 年运行一周)而使回归年比恒星年短的现象。

有关三角函数的表格。据说，喜帕恰斯一共编写了 12 本关于圆内接弦计算方法的书，但遗憾的是他的原著已经遗失，故后世的学者们将注意力主要集中在他的后继者托勒密（Claudius Ptolemaeus，约 90—168）所著的《天文学大成》

地球是宇宙的中心。

上。该书共 13 卷，对"地心说"宇宙模型做出了完整的描述，包括太阳、月亮和行星的各种运动参数。从该书问世到 16 世纪的哥白尼提出"日心说"其间长达 1 400 年的时间里，几乎所有的西方、阿拉伯天文学工作都建立在托勒密的这本著作的基础之上。《天文学大成》在哥白尼的日心说完善后便失去了往日的权威性，但是它在历史上的功绩和影响是不可磨灭的。

 第一张弦表

在古代，如果想要得到两颗恒星之间的距离，就要先测量从地球看两颗星时的角度 α，还要求出下图弦 AB 的长度。

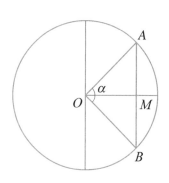

在《天文学大成》的第一卷，托勒密在喜帕恰斯的基础上给出了一张完整的弦表。这张弦表给出了以 60 单位为半径的固定圆中从 0°到 180°，每间隔 0.5°圆心角所对弦长 AB，同时给出了一种能在已算好的两个值之间的插值方法，将弦长结果精确到六十进制

分数值的第三位。

这张表有三列数据:第一列是弧长(Arcs);第二列是其所对弦长(Chords);第三列是为了计算任意"分"度值弧的对应弦时所用的线性插值,其量值等于相邻两弧所对弦长增值的 $\frac{1}{30}$。虽然该表是弦表,但是在半径固定的圆中,正弦函数的变化规律与弦长的变化规律相同,即

$$\sin\frac{\alpha}{2} = \frac{\frac{1}{2}\mathrm{crd}\,\alpha^{①}}{R} \to \mathrm{crd}\,\alpha = 2R \cdot \sin\frac{\alpha}{2},\ \text{同理有}\ \mathrm{crd}(180° - \alpha) = 2R \cdot \cos\frac{\alpha}{2},$$

因此该表也被认为是最早的正弦表。

托勒密《天文学大成》中弦表首页(局部)

---

① crd 指弦函数,又称全弦,crd α 指圆心角 α 对应的弦长。

公元100年左右,希腊天文学知识传入印度,印度人接受了它们并对三角学进行了研究。与希腊人相比,印度数学家们用两倍角对应的半弦代替整条弦,这更接近于我们今天正弦的概念,从而在三角学领域取得了重要的进步。

阿拉伯数学家的贡献

印度和希腊三角学先后于8世纪末传入阿拉伯地区。阿拉伯学者的工作补全了我们今天仍在使用的所有三角函数,建立了它们之间的关系并给出了若干重要三角公式的证明。纳西尔丁·图西的《论完全四边形》标志着三角学开始脱离天文学而成为独立的学科。

托勒密关于弦表的计算方法影响了多位阿拉伯数学家,例如伊本·尤努斯(Ibn Yūnus,约950—1009)、阿布·瓦法等都是利用不等式的方式将 $\sin 1°$ 的精度继续推进。例如,尤努斯使用的是不等式:$\frac{8}{9} \cdot \sin\left(\frac{9}{8}\right)° < \sin 1° < \frac{16}{15}\sin\left(\frac{15}{16}\right)°$,这样虽然提高了弦表的精度,但并没有解决本质问题。直至15世纪初,阿尔·卡西将 $\sin 1°$ 视为方程 $2\,700 \cdot x = 900 \cdot \sin 3° + x^3$ 的根,这是一项极富创造性的成果,此法可以求出任意精度的 $\sin 1°$ 的值,从根本上解决了正弦表数值的精度问题。

阿尔·卡西求得的 sin1°精确值是中世纪阿拉伯数学的重要成就，这可算作中世纪阿拉伯数学最后的荣耀，可惜该成果并未传至欧洲。

正弦表的最终完成

15 世纪开始，三角学在欧洲被广泛应用于航海、推算日历、实地测量等领域，许多商人开始资助学者的研究，进而推动了三角学的迅速发展。

欧洲第一部论述三角学的著作是德国数学家雷格蒙塔努斯（Regiomontanus，1436—1476）所著的《论各种三角形》，该书大量吸收了纳西尔丁·图西的《论完全四边形》的内容。雷格蒙塔努斯的书后来影响了哥白尼和他的学生雷蒂库斯（Georg Joachim Rheticus，1514—1574）。

由于天文观测、地图测绘和大航海时代的要求，当时众多数学家都致力于计算精度更高的弦表，雷蒂库斯也在其中。雷蒂库斯于1551年出版了《三角准则》，其中包含正余弦、正余切和正余割6种三角函数表。他的创新之处在于重新定义了三角函数，即三角函数为直角三角形边与边的比，从而脱离了过去那种必须依赖圆弧的算法。雷蒂库斯晚年一直致力于完成一份更为精确的三角函数表，他已经意识到可以利用高次方程数值解法计算某些特殊三角函数值，故1545年他去意大利拜访当时的著名数学家卡尔达诺，正是这一年，卡尔达诺发表了可以求解三次和四次方程的著作《大术》。可惜，这次拜访无功而返，雷蒂库斯直到去世也未能完成他的目标。之后，雷蒂库斯的学生奥托(Lucius Valentin Otho，约1550—1605)等5人又用了22年时间，最终于1596年在腓特烈四世(Frederick Ⅳ，1574—1610)的资助下完成了三角数表，每个函数值都精确到小数点后15位。但由于没有解决上述数表精度的根本问题，所以正切表中角度接近90°时的累积误差已经较大而且很快被发现。

改进弦表的任务最终落到巴托洛梅乌斯·毕的斯克斯(Bartholomaeus Pitiscus，1561—1613)身上。毕的斯克斯利用了与阿尔·卡西相似的算法计算出 sin 1°的高精度值，重新修订出版了雷蒂库斯的三角函数表，这个修订版三角数表成为后来多个领域内的标准数表，被一直使用至今。

毕的斯克斯《三角法》拉丁文版(1612)扉页

思考题

1. 地球绕太阳一周所用的时间约是 365.242 199 074 1 日(一个回归年),即____日____时____分____秒(填写整数)。

2. 月亮绕地球一周所经历的时间约是 29.530 59 日(一个朔望月),即____日____时____分____秒(填写整数)。

03 | 大地测量:
古人是怎么测量出地球大小的?

古希腊时期,毕达哥拉斯最早提出地球是球体的概念。公元前 340 年,亚里士多德在他的《论天》一书中,用逻辑推理的方式证明了我们生存在一个圆球上。1519—1522 年,葡萄牙航海家麦哲伦(Fernāo de Magalhāes,约 1480—1521)率领由 5 艘船、265 人组成的远航船队进行了环球航行,从而证实了地球是球体。既然地球是个球体,那么它有多大呢?数千年来,人们一直试图弄清楚答案,这一过程也促进了三角学的发展。

井底的阳光

公元前 200 年左右,古希腊数学家埃拉托色尼首次用测量的方法推算出了地球的大小。埃拉托色尼发现,位于埃及亚历山大南部的塞伊尼(今阿斯旺,埃拉托色尼认为亚历山大与塞伊尼两地位于同一经线上)有一口很深的井。每年夏至那天正午,阳光能够直射井底,可与此同时,亚历山大城地面上的直立物却有一段很短的影子。埃拉托色尼用一根长柱垂立于地面,测得亚历山大在夏至正午太阳光的入射角为 $7.2°$。此角度正是地球表面亚历山大和塞伊尼两地之间的大圆弧所对应的圆心角大小。因为 $\dfrac{7.2}{360}=\dfrac{1}{50}$,所以两地之间距离应该等于地球周长

塞伊尼　　　　　亚历山大

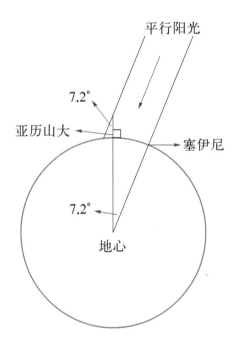

埃拉托色尼测算地球大小示意图①

───────────

① 该图是便于展示方法的示意图,图上的太阳光入射角大于 7.2°。

的 $\dfrac{1}{50}$。埃拉托色尼向过往商队咨询得知两地距离是 5 000 视距

(stadia,古代长度单位)。现代研究表明,1 视距在 157.5~174.8 米之间,因此整个地球圆周长的范围是 39 375~43 700 千米。埃拉托色尼的结论与真实值非常接近,在两千多年前能够完成这样的测算是非常了不起的。托勒密在《地理学指南》一书中总结了埃拉托色尼的方法,并且给出了测量已知经纬度的两地间大圆弧长的方法,后来这些内容传入了阿拉伯世界。

 **山高人为峰**

公元 10 世纪,百科全书式的阿拉伯科学巨匠——阿尔·比鲁尼在《判定城市坐标》一书中记载了他测量地球大小的经过。

书中,比鲁尼首先回顾了 200 年前的哈里发马蒙的测量方法。有一次,马蒙曾读了希腊人写的关于地球大小的书,当他读到书中记载地球子午圈上 1°圆弧相当于 500 视距时,发现实际长度与翻译者提供的数据出入较大,便命令工匠们准备了一批观测仪器,然后组织天文学家们选取了摩苏尔附近的一处平坦地区,兵分南北两路进行实地测量。每支队伍均沿途观测太阳的角度变化,当变化达到 1°时便停止前进并返回。在前进的过程中,不但要测出行进的距离,而且还要沿途做标记。在返回过程中,他们不断地修正先前的测量结果,重新测算他们前进时所走过的路程,直至两支队伍在分离处再次会合。结果测得地球子午圈上的 1°圆弧相当于 $56\dfrac{2}{3}$ 里(中世纪阿拉伯长度单位)。

还有一次,当马蒙对拜占庭帝国发起战争时,他们经过了一座靠海的高山。一名随军的名叫伊本·阿里的数学家利用这座山的独特地形

测量了地球的大小。这个方法让比鲁尼印象深刻。后来,当比鲁尼住在印度南达纳(Nandana)的一个要塞时,他注意到,要塞西边不远处有一座高山,山南是平原,这里的地形和书中记载的独特地形很像。因此,他决定用伊本·阿里的方法在这里再测量一次地球的大小,来验证这个方法的准确性。

比鲁尼的测算主要分为两步,首先是测算山的高度,然后登上山顶测算地球大小。为了得到山的垂直高度,需要一个正方形平板,边长为一腕尺[1],如图正方形 $ABGD$ 所示,两边 AB、AD 划分出均匀的刻度。图中 EZ 表示所要求的山峰垂直高度,ZG 表示水平面。测量时,使仪器平面垂直于水平面放置,EBG 三点共线,ETD 三

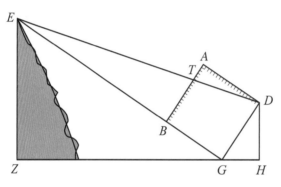

比鲁尼测算山高图示[2]

点共线,DH 垂直于 ZH。由于三角形 DAT 与三角形 EGD 相似,故 GE 可求。又由于三角形 EZG 相似于三角形 GHD,则山高 EZ 可求。

接下来比鲁尼登上山顶面向广阔的平原,用仪器测出大地与天空相接处的视线低于(水平)参照线 $34'$($\angle\alpha$)。由于 $\angle ACO$ 为直角,则 $\angle CAO$ 为 $89°26'$。前面山峰的高度 h 已经算出,由于 $\angle\alpha = \angle O$,$\cos\angle\alpha = \dfrac{r}{r+h}$,因此通过查找余弦表并通过比例可以很容易地求出地球半径 r,进而可以求出地球周长、地球子午圈 $1°$所对圆弧长度。

---

[1] 一腕尺具体长度为多少,学界未有定论。
[2] 该图展示方法的示意图,图上比例与实际有出入。

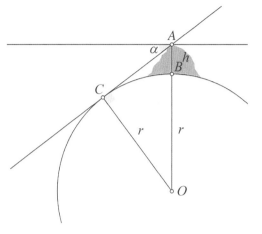

比鲁尼测算地球大小图示[①]

三角测量法

文艺复兴时期,欧洲的数学家们计算了更加精确的三角函数表,并将其应用在大地测量、航海、天文观测等领域。

17世纪的法国科学家们利用三角函数表绘制高精度地图,这就是三角学的应用实例之一。1666年,路易十四(Louis XIV, 1638—1715)成立了皇家科学院,第一次会议的主题便是开发一种全新的测量大地的方法。让·皮卡尔(Jean Picard, 1620—1682)、

路易十四在皇家科学院考察(亨利·泰斯特林,1667)

惠更斯(Christiaan Huygens,1629—1695)等 22 位数学家和天文学家出席了会议,并最终决定使用天体测量与地面三角形测量相结合的全新方式。

1669 年,让·皮卡尔使用精确的三角形测量法测量了巴黎到亚眠附近的索顿钟楼之间的经线长(两地在同一经线上),得到纬度相差 1°的两地间距离约为 111 千米,进而计算出地球直径 12 554 千米(实际数值为 12 713 千米)。三角形测量法的关键是选取一条已知长度的准线作为所测三角形的一条边,这条边的端点通常选取一些海拔较高的地方,比如山地、钟楼、塔尖等,从这些地方出发,人们通过角距仪能够瞄准其他的定点并测量出它们之间的角度。一旦知道了某个三角形中所有角度的大小、已知准线的长度,然后利用正弦定理和三角函数表就可以计算另两边的长度,进而确定三角形中每个点的精确位置。把众多三角形连起来就像是一条爬行的三角蛇。然后大量反复应用这种方法就可以测绘一座城市、一个地区,并最终能够测绘整个国家。

 **思考题**

1. 选择题：

   下面哪些证据不能证明地球是球体？（　　）

   A. 大自然中最美丽的立体图形就是球体，所以地球是球体

   B. 月食发生的时候，地球在月球上的影子总是圆的

   C. 分别在南方和北方观测北极星(或其他恒星)，北极星的位置在南方看起来较低，在北方看起来较高

2. 选择题：

   1733 年,巴黎天文台派出两个考察队,分别前往南纬 2°的秘鲁和北纬 66°的拉普林进行大地测量,发现在同一条经线上,纬度相差 1°,距离分别长 109.95 千米和 111.11 千米;另外已知让·皮卡尔在巴黎测得该距离长 110.48 千米,可以证明(　　)。

   A. 地球应是一个两极略为隆起,赤道略为扁平的椭球体

   B. 地球应是一个赤道略为隆起,两极略为扁平的椭球体

   C. 地球是一个正球体

参考文献

1. 李文林. 数学史概论[M]. 2 版. 北京：高等教育出版社，2002.

2. 梁宗巨，王青建，孙宏安. 世界数学通史[M]. 沈阳：辽宁教育出版社，2005.

3. 欧几里得. 几何原本[M]. 兰纪正，朱恩宽，译. 西安：陕西科学技术出版社，2003.

4. 郭书春. 中国科学技术史：数学卷[M]. 北京：科学出版社. 2010.

5. 郭书春. 中国传统数学史话[M]. 北京：中国国际广播出版社，2012.

6. 冯立昇. 清华简《算表》的功能及其在数学史上的意义[J]. 科学，2014. 66(3)，40－44.

7. 郭园园，马婧宜. 弃九法简史初探[J]. 枣庄学院学报，2023. 40(5)，11－17.

8. 郭园园. 阿尔·卡西代数学研究[M]. 上海：上海交通大学出版社，2016.

9. 郭园园. 代数溯源：花拉子密《代数学》研究[M]. 北京：科学出版社，2018.

10. 斐波那契. 计算之书[M]. 纪志刚，译. 北京：科学出版社，2007.

11. 田春芝，纪志刚. 文艺复兴的时代骄子：修士数学家卢卡·帕乔利[J]. 自然辩证法通讯，2023,45(1)：117－126.

12. 冯承天. 从一元一次方程到伽罗瓦理论[M]. 上海：华东师范大学出

版社,2019.

13. 德比希尔. 代数的历史[M]. 张浩,译. 2 版. 北京：人民邮电出版
    社,2021.

14. 杜瑞芝. 数学史辞典新编[M]. 济南：山东教育出版社,2017.